주판으로 배우는 암산 수학
매직셈

· 주 ·   · 는 · 암 · 산 · 수 · 학 ·

EQ를 올리는 매직셈

⭐ 세 자리 수 × 한 자리 수

⭐ 두 자리 · 한 자리 수 4행 혼합 덧 · 뺄셈

⭐ 두 자리 수 4 · 5행 덧 · 뺄셈

⭐ 10을 이용한 1~4의 뺄셈

⭐ 5를 이용한 1~4의 뺄셈

세광m

주산식 암산수학
- 호산 및 플래시학습 훈련 학습장

칭찬 1
칭찬 2
칭찬 3
칭찬 4
칭찬 5
칭찬 6
칭찬 7
칭찬 8
칭찬 9
칭찬 10
칭찬 11
칭찬 12
칭찬 13
칭찬 14
칭찬 15
칭찬 16
칭찬 17
칭찬 18
칭찬 19
칭찬 20
칭찬 21
칭찬 22
칭찬 23
칭찬 24
칭찬 25
칭찬 26
칭찬 27
칭찬 28
칭찬 29
칭찬 30
칭찬 31
칭찬 32

주판으로 배우는 암산 수학
매직셈
www.magicsem.co.kr / 문의전화 : 080-3131-7404

주판으로 배우는 암산 수학
매직셈

EQ를 **올리는 매직셈** **4**

세광m

세 자리 수×한 자리 수

⭐ 주판으로 해 보세요.('O'의 자리를 주의하여 계산합니다.)

1	$709 \times 3 =$
2	$607 \times 5 =$
3	$302 \times 7 =$
4	$208 \times 6 =$
5	$703 \times 2 =$
6	$405 \times 1 =$
7	$503 \times 9 =$
8	$106 \times 4 =$
9	$803 \times 8 =$
10	$604 \times 7 =$
11	$201 \times 6 =$
12	$905 \times 3 =$
13	$701 \times 4 =$
14	$406 \times 8 =$
15	$309 \times 2 =$

⑯
$$704 \times 3$$

⑰
$$407 \times 6$$

⑱
$$501 \times 8$$

⑲
$$307 \times 2$$

⑳
$$906 \times 4$$

㉑
$$208 \times 5$$

㉒
$$303 \times 6$$

㉓
$$601 \times 9$$

㉔
$$901 \times 7$$

㉕
$$804 \times 3$$

⭐ 암산으로 해 보세요.

1	$27 \times 3 =$
2	$84 \times 5 =$
3	$69 \times 7 =$
4	$16 \times 6 =$
5	$59 \times 2 =$

6	$2 \times 51 =$
7	$8 \times 79 =$
8	$1 \times 39 =$
9	$9 \times 37 =$
10	$3 \times 83 =$

주판으로 배우는 암산 수학

★ 주판으로 해 보세요.

1	2	3	4	5	6	7	8	9	10
16	58	79	61	42	25	36	93	87	38
77	26	82	39	79	97	75	-52	56	46
63	-52	65	37	87	73	19	59	24	-23
85	69	84	53	26	24	48	67	65	44
37	84	67	25	31	56	-57	38	23	95

11	12	13	14	15	16	17	18	19	20
31	72	46	80	15	64	83	27	53	78
69	84	54	15	89	33	19	26	36	53
27	-55	71	26	37	-76	73	93	-55	14
58	94	38	45	56	49	64	25	21	68
78	-35	56	63	24	78	52	40	98	47

★ 암산으로 해 보세요.

1	2	3	4	5	6	7	8	9	10
7	6	4	3	1	9	2	5	8	4
9	4	6	4	4	5	8	9	2	5
1	7	1	9	7	7	6	3	7	2
3	8	2	6	3	8	5	6	6	3
8	3	9	8	8	1	4	7	3	6
5	2	8	6	2	6	1	2	5	8

⭐ 주판으로 해 보세요.('O'의 자리를 주의하여 계산합니다.)

1	402 × 9 =
2	609 × 7 =
3	706 × 5 =
4	901 × 3 =
5	502 × 4 =
6	809 × 2 =
7	308 × 6 =
8	106 × 1 =
9	203 × 8 =
10	807 × 3 =
11	506 × 4 =
12	703 × 9 =
13	407 × 2 =
14	201 × 5 =
15	907 × 7 =

⑯
$$203 \times 9$$

⑰
$$304 \times 7$$

⑱
$$206 \times 5$$

⑲
$$708 \times 3$$

⑳
$$205 \times 4$$

㉑
$$307 \times 6$$

㉒
$$101 \times 8$$

㉓
$$408 \times 2$$

㉔
$$406 \times 5$$

㉕
$$606 \times 3$$

⭐ 암산으로 해 보세요.

1	35 × 2 =
2	47 × 9 =
3	27 × 4 =
4	91 × 6 =
5	65 × 3 =

6	9 × 52 =
7	7 × 49 =
8	5 × 99 =
9	8 × 17 =
10	3 × 77 =

주판으로 배우는 암산 수학
매직셈

⭐ 주판으로 해 보세요.

1	2	3	4	5	6	7	8	9	10
58	13	99	28	39	71	47	63	83	23
91	69	-27	46	65	24	38	19	96	62
76	23	43	29	78	83	-25	57	-68	38
34	48	38	63	41	62	56	34	44	54
83	47	62	42	28	34	79	53	98	26

11	12	13	14	15	16	17	18	19	20
73	41	29	62	53	83	76	25	95	42
29	94	70	33	72	42	24	16	74	53
82	37	-34	48	64	95	78	48	-18	79
64	23	67	59	20	34	-53	97	49	48
35	58	83	42	75	19	46	84	67	29

⭐ 암산으로 해 보세요.

1	2	3	4	5	6	7	8	9	10
5	9	8	3	6	7	4	2	5	4
1	3	6	4	3	5	5	8	4	1
2	5	4	5	9	4	1	3	8	6
3	8	7	9	4	8	9	7	3	5
6	7	5	4	8	1	7	9	5	8
7	4	3	7	2	6	8	6	7	3

★ 주판으로 해 보세요.

1	201 × 5 =
2	603 × 6 =
3	405 × 9 =
4	804 × 2 =
5	506 × 8 =
6	709 × 6 =
7	104 × 4 =
8	303 × 7 =
9	607 × 9 =
10	901 × 3 =

11	2 × 104 =
12	7 × 306 =
13	0 × 902 =
14	4 × 501 =
15	9 × 608 =
16	6 × 407 =
17	8 × 706 =
18	3 × 503 =
19	5 × 804 =
20	2 × 908 =

★ 암산으로 해 보세요.

1	84 × 3 =
2	77 × 8 =
3	13 × 5 =
4	29 × 7 =
5	88 × 1 =
6	41 × 9 =
7	37 × 5 =
8	92 × 6 =
9	65 × 4 =
10	85 × 2 =

11	8 × 67 =
12	7 × 34 =
13	2 × 29 =
14	1 × 48 =
15	6 × 39 =
16	9 × 19 =
17	4 × 84 =
18	3 × 98 =
19	5 × 67 =
20	9 × 34 =

연산학습

Q 1 계산을 하시오.

① ☐
　34
＋36

② ☐
　67
＋25

③ ☐
　78
＋19

④ ☐
　65
＋27

Q 2 계산을 하시오.

① 24
×☐6

② 76
×☐4

③ 56
×☐3

④ 34
×☐8

Q 3 빈칸에 알맞은 수를 써넣으시오.

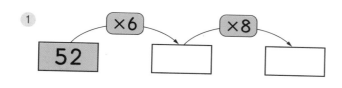

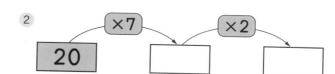

Q 4 ☐안에 알맞은 수를 써넣고 덧셈을 만들어 보시오.

①

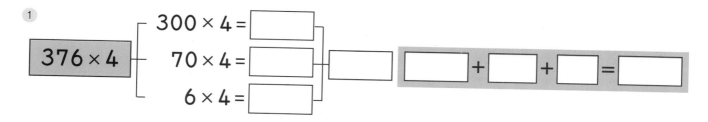

376×4

300×4 = ☐
70×4 = ☐
6×4 = ☐

☐ + ☐ + ☐ = ☐

②

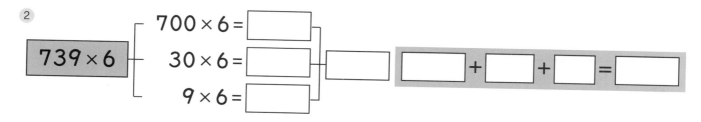

739×6

700×6 = ☐
30×6 = ☐
9×6 = ☐

☐ + ☐ + ☐ = ☐

⭐ 주판으로 해 보세요.('0'의 자리를 주의하여 계산합니다.)

1	120 × 3 =
2	360 × 9 =
3	870 × 2 =
4	470 × 8 =
5	260 × 4 =
6	880 × 1 =
7	580 × 6 =
8	630 × 7 =
9	740 × 5 =
10	290 × 4 =
11	950 × 3 =
12	170 × 9 =
13	450 × 8 =
14	340 × 2 =
15	570 × 6 =

16
$$\begin{array}{r} 370 \\ \times\quad 4 \\ \hline \end{array}$$

17
$$\begin{array}{r} 730 \\ \times\quad 9 \\ \hline \end{array}$$

18
$$\begin{array}{r} 860 \\ \times\quad 3 \\ \hline \end{array}$$

19
$$\begin{array}{r} 640 \\ \times\quad 2 \\ \hline \end{array}$$

20
$$\begin{array}{r} 350 \\ \times\quad 7 \\ \hline \end{array}$$

21
$$\begin{array}{r} 460 \\ \times\quad 6 \\ \hline \end{array}$$

22
$$\begin{array}{r} 930 \\ \times\quad 4 \\ \hline \end{array}$$

23
$$\begin{array}{r} 850 \\ \times\quad 3 \\ \hline \end{array}$$

24
$$\begin{array}{r} 570 \\ \times\quad 8 \\ \hline \end{array}$$

25
$$\begin{array}{r} 930 \\ \times\quad 2 \\ \hline \end{array}$$

⭐ 암산으로 해 보세요.

1	97 × 3 =	6	4 × 38 =
2	25 × 0 =	7	6 × 49 =
3	67 × 5 =	8	8 × 77 =
4	78 × 4 =	9	9 × 83 =
5	17 × 7 =	10	2 × 99 =

⭐ 주판으로 해 보세요.

1	2	3	4	5	6	7	8	9	10
73	46	96	17	92	53	28	65	38	79
80	28	19	38	86	89	67	97	61	-66
-52	73	48	86	-65	64	54	28	56	18
83	52	38	46	93	82	95	63	72	69
39	91	73	55	27	65	31	54	48	78

11	12	13	14	15	16	17	18	19	20
57	18	23	82	65	93	46	78	39	67
46	71	39	43	96	56	57	42	68	81
81	-38	48	59	72	-37	71	37	43	-26
78	94	78	18	36	63	69	58	19	93
63	65	-51	29	51	49	83	46	62	27

⭐ 암산으로 해 보세요.

1	2	3	4	5	6	7	8	9	10
4	7	8	9	2	3	5	1	6	4
5	5	4	6	1	6	7	4	2	2
2	6	7	7	3	1	2	8	4	5
3	2	5	1	4	5	4	2	6	8
9	3	9	4	8	8	3	9	8	3
8	9	3	3	9	7	6	6	3	4
7	4	2	5	6	9	5	7	2	5

⭐ 주판으로 해 보세요.('O'의 자리를 주의하여 계산합니다.)

1	260 × 9 =
2	150 × 7 =
3	480 × 5 =
4	930 × 8 =
5	640 × 6 =
6	560 × 4 =
7	370 × 2 =
8	990 × 1 =
9	760 × 8 =
10	830 × 3 =
11	530 × 4 =
12	460 × 5 =
13	190 × 6 =
14	670 × 3 =
15	350 × 2 =

⑯
$$\begin{array}{r} 920 \\ \times\ \ \ 4 \\ \hline \end{array}$$

⑰
$$\begin{array}{r} 380 \\ \times\ \ \ 9 \\ \hline \end{array}$$

⑱
$$\begin{array}{r} 180 \\ \times\ \ \ 6 \\ \hline \end{array}$$

⑲
$$\begin{array}{r} 460 \\ \times\ \ \ 2 \\ \hline \end{array}$$

⑳
$$\begin{array}{r} 240 \\ \times\ \ \ 7 \\ \hline \end{array}$$

㉑
$$\begin{array}{r} 580 \\ \times\ \ \ 3 \\ \hline \end{array}$$

㉒
$$\begin{array}{r} 840 \\ \times\ \ \ 5 \\ \hline \end{array}$$

㉓
$$\begin{array}{r} 610 \\ \times\ \ \ 9 \\ \hline \end{array}$$

㉔
$$\begin{array}{r} 720 \\ \times\ \ \ 4 \\ \hline \end{array}$$

㉕
$$\begin{array}{r} 480 \\ \times\ \ \ 6 \\ \hline \end{array}$$

⭐ 암산으로 해 보세요.

1	38 × 5 =
2	39 × 9 =
3	93 × 6 =
4	19 × 7 =
5	58 × 4 =

6	2 × 83 =
7	3 × 79 =
8	8 × 69 =
9	6 × 34 =
10	5 × 98 =

⭐ 주판으로 해 보세요.

1	2	3	4	5	6	7	8	9	10
83	23	69	45	98	58	76	39	18	43
19	86	14	59	-57	87	54	14	80	29
64	45	39	63	34	67	98	46	-53	57
95	-52	73	76	68	83	64	58	67	68
26	49	38	58	19	-70	53	25	83	27

11	12	13	14	15	16	17	18	19	20
53	84	75	28	97	14	34	65	49	32
24	53	88	93	-42	98	29	24	61	64
-51	68	63	59	39	83	67	-18	93	-45
37	25	75	65	58	46	56	96	32	99
98	19	69	88	67	54	38	64	23	51

⭐ 암산으로 해 보세요.

1	2	3	4	5	6	7	8	9	10
3	5	7	9	4	6	1	8	5	2
4	3	8	5	7	7	9	9	8	3
5	4	3	2	9	2	7	5	4	9
6	3	5	7	6	4	8	7	3	1
2	7	2	3	5	3	6	2	9	5
7	9	6	4	4	9	4	4	4	3
4	8	7	2	8	5	9	6	2	9

★ 주판으로 해 보세요.('0'의 자리를 주의하여 계산합니다.)

1	380 × 7 =		11	3 × 970 =
2	520 × 9 =		12	2 × 310 =
3	250 × 3 =		13	6 × 640 =
4	720 × 5 =		14	4 × 710 =
5	630 × 6 =		15	9 × 350 =
6	810 × 8 =		16	7 × 590 =
7	270 × 2 =		17	2 × 680 =
8	160 × 4 =		18	3 × 340 =
9	490 × 9 =		19	4 × 970 =
10	750 × 7 =		20	8 × 340 =

★ 암산으로 해 보세요.

1	45 × 6 =		11	3 × 99 =
2	19 × 9 =		12	7 × 46 =
3	27 × 7 =		13	6 × 13 =
4	36 × 2 =		14	5 × 85 =
5	54 × 4 =		15	4 × 31 =
6	25 × 7 =		16	8 × 79 =
7	97 × 3 =		17	5 × 29 =
8	49 × 2 =		18	6 × 73 =
9	83 × 1 =		19	8 × 35 =
10	69 × 5 =		20	7 × 12 =

연산학습

Q 1 계산을 해보시오.

① $57 + 36 =$

② $42 + 49 =$

③ $38 + 25 =$

④ $69 + 26 =$

⑤ $74 + 18 =$

⑥ $19 + 31 =$

Q 2 계산을 해보시오.

① $68 \times 4 =$

② $78 \times 2 =$

③ $45 \times 6 =$

④ $93 \times 3 =$

⑤ $83 \times 2 =$

⑥ $49 \times 5 =$

Q 3 빈칸에 알맞은 수를 써넣으시오.

①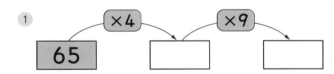

②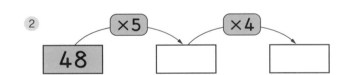

Q 4 ☐안에 알맞은 수를 써넣고 덧셈을 만들어 보시오.

①

548×7 ⎰ $500 \times 7 = \square$

$40 \times 7 = \square$ → $\square$ → $\square + \square + \square = \square$

$8 \times 7 = \square$

②

961×9 ⎰ $900 \times 9 = \square$

$60 \times 9 = \square$ → $\square$ → $\square + \square + \square = \square$

$1 \times 9 = \square$

10을 활용한 1의 뺄셈

$$10 - 1 = 9$$

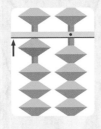 → 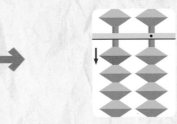 →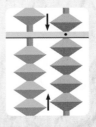

십의 자리에서 1을 놓습니다.

일의 자리에서 1을 뺄 수 없으므로 앞자리(십의 자리)에서 엄지로 1을 빼고...

일의 자리에서 엄지와 검지로 동시에 1의 보수 9를 더합니다.

⭐ 주판으로 해 보세요.

1	2	3	4	5	6	7	8	9	10
5	3	4	2	3	7	6	9	8	1
5	7	6	8	7	3	4	1	2	9
-1	-1	-1	-1	-1	-1	-1	-1	-1	-1
8	1	7	5	9	5	7	8	3	7
-1	-1	-1	-1	-1	-1	-1	-1	-1	-1

11	12	13	14	15	16	17	18	19	20
90	80	20	66	30	6	52	30	16	70
-1	-1	-1	4	-1	14	8	-1	4	-1
1	1	21	-11	41	-11	-1	51	-1	21
-11	-11	-1	27	-11	61	21	-11	31	-11

⭐ 주판으로 해 보세요.

1	2	3	4	5	6	7	8	9	10
37	66	30	33	28	31	28	35	57	46
3	4	-11	7	2	39	52	45	23	24
-11	-11	5	-11	-11	-11	-11	-21	-11	-11
5	8	4	3	9	6	7	8	2	8

11	12	13	14	15	16	17	18	19	20
63	71	72	46	68	48	27	74	34	75
77	49	48	34	22	72	63	46	86	65
-21	-11	-11	-11	-11	-11	-11	-11	-11	-31
46	34	27	55	16	73	54	37	42	82

⭐ 암산으로 해 보세요.

1	2	3	4	5	6	7	8	9	10
30	5	23	3	5	14	67	7	82	80
-1	35	7	57	65	26	3	73	8	-21
5	-1	-1	-1	-1	-1	-11	-21	-11	7

⭐ 주판으로 해 보세요.

1	724 × 3 =
2	382 × 2 =
3	415 × 6 =
4	193 × 4 =
5	216 × 9 =
6	348 × 7 =
7	698 × 1 =
8	514 × 8 =
9	328 × 5 =
10	727 × 6 =
11	284 × 7 =
12	934 × 3 =
13	536 × 2 =
14	193 × 7 =
15	823 × 4 =

⑯
$$912 \times 6$$

⑰
$$548 \times 2$$

⑱
$$324 \times 4$$

⑲
$$427 \times 3$$

⑳
$$674 \times 8$$

㉑
$$382 \times 7$$

㉒
$$194 \times 5$$

㉓
$$826 \times 9$$

㉔
$$471 \times 3$$

㉕
$$823 \times 2$$

⭐ 암산으로 해 보세요.

1	96 × 5 =	6	8 × 29 =
2	89 × 7 =	7	4 × 73 =
3	63 × 3 =	8	2 × 18 =
4	58 × 9 =	9	6 × 94 =
5	27 × 2 =	10	5 × 48 =

⭐ 주판으로 해 보세요.

올셈 4단계

1	2	3	4	5	6	7	8	9	10
61	35	97	58	45	90	26	73	37	19
84	78	45	32	17	-31	84	87	55	37
35	57	38	-21	84	46	63	-51	96	84
47	-61	59	43	62	56	58	42	25	-21
85	45	23	39	75	84	27	64	42	35

11	12	13	14	15	16	17	18	19	20
61	35	83	97	13	49	80	27	53	79
89	78	57	42	27	35	-51	75	87	44
90	29	-21	53	-31	26	67	43	-21	35
-31	44	64	33	97	81	24	65	45	18
27	38	82	69	45	66	-11	28	37	47

⭐ 암산으로 해 보세요.

1	2	3	4	5	6	7	8	9	10
80	17	9	47	30	68	19	7	34	87
-21	23	64	33	53	25	51	26	8	3
4	9	3	-1	8	4	-1	59	14	-51

⭐ 주판으로 해 보세요.

1	339 × 7 =
2	651 × 2 =
3	595 × 4 =
4	711 × 3 =
5	832 × 6 =
6	429 × 8 =
7	723 × 5 =
8	197 × 2 =
9	362 × 6 =
10	928 × 4 =

11	5 × 473 =
12	9 × 283 =
13	2 × 635 =
14	3 × 399 =
15	1 × 842 =
16	6 × 767 =
17	4 × 335 =
18	2 × 531 =
19	5 × 694 =
20	6 × 488 =

⭐ 암산으로 해 보세요.

1	46 × 5 =
2	21 × 4 =
3	64 × 7 =
4	19 × 9 =
5	87 × 5 =
6	67 × 2 =
7	28 × 6 =
8	81 × 4 =
9	63 × 3 =
10	34 × 8 =

11	5 × 45 =
12	4 × 99 =
13	8 × 32 =
14	7 × 18 =
15	6 × 51 =
16	8 × 42 =
17	4 × 39 =
18	5 × 97 =
19	6 × 82 =
20	9 × 74 =

Q 1 계산을 하시오.

①
```
  9 1
+ 9 8
```

②
```
□
  2 7
+ 3 4
```

③
```
□
  4 6
+ 2 4
```

④
```
  8 7
+ 4 2
```

Q 2 계산을 하시오.

①
```
  9 4
× □ 6
```

②
```
  5 5
× □ 9
```

③
```
  3 8
× □ 4
```

④
```
  7 3
×   3
```

Q 3 계산을 하시오.

①
```
  9 0 6
×     5
```

②
```
  2 0 3
×     8
```

③
```
  9 0 8
×     3
```

④
```
  4 0 7
×     9
```

Q 4 □안에 알맞은 수를 써넣으시오.

① 63 − 9 = 63 − □ + 1

     = □ + 1

     = □

② 37 − 7 = 37 − 10 + □

     = 27 + □

     = □

③ 40 − 19 = 40 − 20 + □

     = 20 + □

     = □

5를 활용한 1의 뺄셈

$$5 - 1 = 4$$

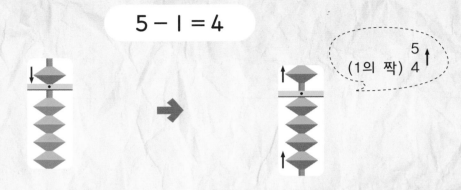

5를 놓습니다.

아래알에서 1을 뺄 수 없으므로 윗알 5와 1의짝 4를 엄지와 검지로 동시에 올려줍니다.

⭐ 주판으로 해 보세요.

1	2	3	4	5	6	7	8	9	10
6	7	2	8	5	4	8	5	8	5
9	8	3	3	-1	-2	7	7	-3	-1
-1	-1	-1	4	7	3	-1	-1	-1	6
6	3	8	-1	4	-1	6	4	9	-1
-1	7	-2	-3	-1	8	-1	-1	4	9

11	12	13	14	15	16	17	18	19	20
18	79	27	57	32	46	38	57	86	45
-3	-4	38	-2	23	9	-3	8	9	-1
-1	-1	-1	-1	-1	-1	-1	-1	-1	26
29	13	8	34	27	54	17	13	28	-11

⭐ 주판으로 해 보세요.

1	2	3	4	5	6	7	8	9	10
69	58	14	36	41	79	35	67	39	86
26	-3	31	19	24	-4	70	28	6	19
-1	65	-1	-1	-11	-21	-1	-31	-21	-1
6	-1	19	27	8	36	23	6	46	66

11	12	13	14	15	16	17	18	19	20
55	72	95	23	36	75	41	35	27	32
-11	43	-31	52	49	-21	44	-11	8	33
31	-11	57	-21	-31	36	-11	96	-11	-11
-1	26	24	46	1	-51	6	-11	36	56

⭐ 암산으로 해 보세요.

1	2	3	4	5	6	7	8	9	10
32	69	25	78	41	70	82	36	40	44
73	6	-1	17	24	-1	13	69	-1	31
-1	-11	47	-1	-11	18	-1	-1	25	-11

★ 주판으로 해 보세요.

1	234 × 9 =
2	721 × 2 =
3	182 × 3 =
4	576 × 5 =
5	639 × 1 =
6	395 × 7 =
7	513 × 8 =
8	127 × 4 =
9	654 × 6 =
10	986 × 3 =
11	224 × 9 =
12	467 × 4 =
13	793 × 8 =
14	831 × 5 =
15	329 × 3 =

⑯
$$594 \times 2$$

⑰
$$752 \times 4$$

⑱
$$830 \times 7$$

⑲
$$174 \times 5$$

⑳
$$765 \times 3$$

㉑
$$497 \times 9$$

㉒
$$822 \times 8$$

㉓
$$768 \times 1$$

㉔
$$178 \times 5$$

㉕
$$539 \times 6$$

★ 암산으로 해 보세요.

1	97 × 5 =	6	3 × 46 =
2	13 × 7 =	7	8 × 77 =
3	67 × 2 =	8	6 × 82 =
4	88 × 9 =	9	1 × 69 =
5	23 × 4 =	10	5 × 17 =

⭐ 주판으로 해 보세요.

1	2	3	4	5	6	7	8	9	10
37	73	18	63	81	25	92	43	36	71
48	54	45	32	43	63	34	62	75	34
-11	68	57	-41	38	37	56	-11	48	-11
34	59	26	66	68	-21	33	46	72	26
-13	27	67	-11	36	43	66	-21	49	-11

11	12	13	14	15	16	17	18	19	20
98	29	41	32	73	89	64	53	38	14
15	46	84	98	45	46	56	74	25	39
37	-21	59	-11	18	-31	-11	53	62	76
67	76	34	36	65	71	21	39	-11	97
28	-11	57	-11	37	-11	-11	46	34	28

⭐ 암산으로 해 보세요.

1	2	3	4	5	6	7	8	9	10
29	6	84	46	8	69	7	75	36	57
36	8	2	4	54	4	63	-1	7	-10
-1	52	7	-11	3	8	-11	4	19	5

⭐ 주판으로 해 보세요.

1	135 × 2 =
2	824 × 4 =
3	951 × 3 =
4	753 × 9 =
5	614 × 5 =
6	275 × 8 =
7	326 × 7 =
8	572 × 6 =
9	204 × 4 =
10	493 × 1 =

11	4 × 258 =
12	7 × 691 =
13	3 × 735 =
14	6 × 455 =
15	1 × 823 =
16	8 × 247 =
17	9 × 367 =
18	5 × 199 =
19	7 × 254 =
20	4 × 452 =

⭐ 암산으로 해 보세요.

1	37 × 2 =
2	69 × 7 =
3	98 × 5 =
4	76 × 1 =
5	18 × 0 =
6	95 × 3 =
7	32 × 4 =
8	98 × 8 =
9	13 × 6 =
10	87 × 9 =

11	6 × 51 =
12	3 × 28 =
13	8 × 79 =
14	5 × 30 =
15	2 × 79 =
16	1 × 86 =
17	6 × 52 =
18	9 × 67 =
19	7 × 52 =
20	4 × 76 =

연산학습

Q 1 계산을 하시오.

① $27+64=$ ☐

② $38+19=$ ☐

③ $63+27=$ ☐

④ $58+39=$ ☐

Q 2 계산을 하시오.

① $82 \times 9=$

② $61 \times 6=$

③ $74 \times 3=$

④ $24 \times 8=$

⑤ $36 \times 4=$

⑥ $48 \times 5=$

Q 3 계산을 하시오.

①
$$870 \times ☐ 4$$

②
$$930 \times 3$$

③
$$340 \times ☐ 7$$

④
$$520 \times ☐ 6$$

Q 4 ☐ 안에 알맞은 수를 써넣으시오.

① $43-16=43-☐+4$
　　$=☐+4$
　　$=☐$

② $30-7=30-10+☐$
　　$=20+☐$
　　$=☐$

③ $71-35=71-40+☐$
　　$=31+☐$
　　$=☐$

10을 활용한 2의 뺄셈

$$10 - 2 = 8$$

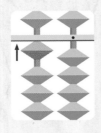

십의 자리에 1을
놓습니다.

→

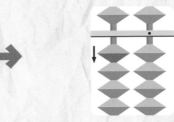

일의 자리에서 2를 뺄 수
없으므로 앞자리(십의 자
리)에서 하나를 빼주고...

→

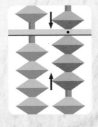

일의 자리에서 엄지와
검지로 동시에 2의 보수
8을 더합니다.

⭐ 주판으로 해 보세요.

1	2	3	4	5	6	7	8	9	10
8	5	2	9	4	6	7	7	9	5
3	-1	9	2	-1	4	4	3	1	6
-2	6	-2	-2	7	-2	-2	-2	-2	-2
1	-2	1	6	-2	3	1	2	5	6
-2	8	-2	-1	5	-2	-2	-1	2	-1

11	12	13	14	15	16	17	18	19	20
12	61	34	40	58	21	36	70	49	81
9	-2	7	-2	3	-2	5	-2	11	-2
-2	21	-2	23	-2	31	-2	13	-2	31
34	-2	25	-2	27	-12	21	-2	54	-2

⭐ 주판으로 해 보세요.

1	2	3	4	5	6	7	8	9	10
70	26	31	40	62	39	51	35	63	21
-2	34	49	-2	18	22	-12	45	17	-2
12	-2	-12	23	-2	-2	31	-22	-12	61
-2	17	27	-2	19	25	-12	34	25	-12

11	12	13	14	15	16	17	18	19	20
49	24	60	49	24	71	33	17	30	42
21	37	-2	21	46	-12	27	54	-12	38
-2	-2	22	-12	-12	31	-2	-2	62	-22
13	26	-12	19	27	-22	28	13	-22	16

⭐ 암산으로 해 보세요.

1	2	3	4	5	6	7	8	9	10
41	63	70	36	81	27	60	78	40	7
-2	8	-2	25	-2	14	-2	2	-12	64
56	-2	27	-2	11	-2	24	-2	39	-2

★ 주판으로 해 보세요.

1	274 × 9 =
2	963 × 4 =
3	137 × 2 =
4	927 × 3 =
5	567 × 5 =
6	967 × 1 =
7	124 × 8 =
8	587 × 7 =
9	631 × 6 =
10	398 × 0 =
11	872 × 6 =
12	644 × 9 =
13	502 × 3 =
14	739 × 5 =
15	386 × 4 =

16
$$\begin{array}{r} 842 \\ \times\quad 5 \\ \hline \end{array}$$

17
$$\begin{array}{r} 263 \\ \times\quad 1 \\ \hline \end{array}$$

18
$$\begin{array}{r} 527 \\ \times\quad 2 \\ \hline \end{array}$$

19
$$\begin{array}{r} 438 \\ \times\quad 3 \\ \hline \end{array}$$

20
$$\begin{array}{r} 236 \\ \times\quad 7 \\ \hline \end{array}$$

21
$$\begin{array}{r} 371 \\ \times\quad 6 \\ \hline \end{array}$$

22
$$\begin{array}{r} 954 \\ \times\quad 9 \\ \hline \end{array}$$

23
$$\begin{array}{r} 637 \\ \times\quad 8 \\ \hline \end{array}$$

24
$$\begin{array}{r} 619 \\ \times\quad 4 \\ \hline \end{array}$$

25
$$\begin{array}{r} 401 \\ \times\quad 3 \\ \hline \end{array}$$

★ 암산으로 해 보세요.

1	27 × 7 =	6	1 × 82 =
2	31 × 5 =	7	9 × 57 =
3	65 × 3 =	8	8 × 19 =
4	97 × 4 =	9	2 × 54 =
5	70 × 6 =	10	0 × 63 =

올셈 4단계

⭐ 주판으로 해 보세요.

1	2	3	4	5	6	7	8	9	10
50	49	17	63	38	83	45	54	71	26
-12	23	54	42	53	29	35	78	-12	75
67	57	-12	58	-32	64	-22	80	91	64
-21	64	92	64	46	59	73	39	-12	82
41	23	-12	35	-21	47	-22	75	34	58

11	12	13	14	15	16	17	18	19	20
43	74	94	29	54	66	14	38	64	27
88	27	57	21	63	15	98	63	86	44
26	-12	24	-12	85	-12	34	-12	75	-12
35	26	68	67	36	36	28	31	38	56
63	-21	17	-21	45	-21	53	-12	73	-21

⭐ 암산으로 해 보세요.

1	2	3	4	5	6	7	8	9	10
57	37	49	63	71	36	24	27	45	63
13	9	22	8	-2	17	67	45	25	4
-2	45	-2	34	16	8	-2	3	-2	15

⭐ 주판으로 해 보세요.

1	831 × 8 =
2	209 × 1 =
3	376 × 5 =
4	487 × 3 =
5	542 × 6 =
6	736 × 9 =
7	288 × 7 =
8	126 × 4 =
9	367 × 8 =
10	962 × 3 =

11	2 × 676 =
12	9 × 720 =
13	7 × 297 =
14	5 × 889 =
15	3 × 262 =
16	1 × 575 =
17	0 × 967 =
18	6 × 384 =
19	7 × 421 =
20	8 × 759 =

⭐ 암산으로 해 보세요.

1	83 × 2 =
2	26 × 5 =
3	59 × 7 =
4	62 × 1 =
5	45 × 9 =
6	18 × 8 =
7	31 × 5 =
8	94 × 6 =
9	77 × 0 =
10	52 × 8 =

11	4 × 73 =
12	7 × 46 =
13	1 × 19 =
14	6 × 85 =
15	3 × 52 =
16	8 × 84 =
17	2 × 91 =
18	9 × 64 =
19	5 × 37 =
20	0 × 78 =

연산학습

Q 1 계산을 하시오.

① $\square$
$$\begin{array}{r} 84 \\ +67 \\ \hline \end{array}$$

② $\square$
$$\begin{array}{r} 27 \\ +98 \\ \hline \end{array}$$

③ $\square$
$$\begin{array}{r} 78 \\ +29 \\ \hline \end{array}$$

④ $\square$
$$\begin{array}{r} 62 \\ +88 \\ \hline \end{array}$$

Q 2 계산을 하시오.

① $$\begin{array}{r} 42 \\ \times\ \square 6 \\ \hline \end{array}$$

② $$\begin{array}{r} 63 \\ \times\ \square 7 \\ \hline \end{array}$$

③ $$\begin{array}{r} 53 \\ \times\ \square 9 \\ \hline \end{array}$$

④ $$\begin{array}{r} 58 \\ \times\ \square 8 \\ \hline \end{array}$$

Q 3 계산을 하시오.

① $$\begin{array}{r} 124 \\ \times\ \ \ 2 \\ \hline \end{array}$$

② $$\begin{array}{r} 221 \\ \times\ \ \ 4 \\ \hline \end{array}$$

③ $$\begin{array}{r} 312 \\ \times\ \ \ 3 \\ \hline \end{array}$$

④ $$\begin{array}{r} 223 \\ \times\ \ \ 3 \\ \hline \end{array}$$

Q 4 $\square$ 안에 알맞은 수를 써넣으시오.

① $32-16 = 32-20+\square$
$\quad\quad\ = 12+\square$
$\quad\quad\ = \square$

② $26-8 = 26-\square+2$
$\quad\quad\ = \square+2$
$\quad\quad\ = \square$

③ $54-29 = 54-\square+1$
$\quad\quad\ = \square+1$
$\quad\quad\ = \square$

5를 활용한 2의 뺄셈

$$5 - 2 = 3$$

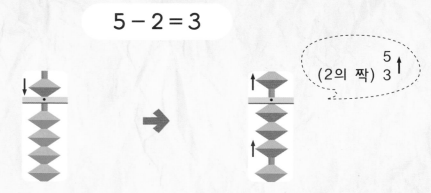

(2의 짝) 3

5를 놓습니다.

아래알에서 2를 뺄 수 없으므로 윗알 5와 2의 짝 3을 엄지와 검지로 동시에 올려줍니다.

⭐ 주판으로 해 보세요.

1	2	3	4	5	6	7	8	9	10
6	7	5	9	6	2	5	4	5	6
−2	8	−2	6	−2	3	−2	2	−2	9
7	−2	9	−2	6	−2	8	−2	8	−2
−2	7	3	8	−2	7	5	6	4	7
3	−2	−2	−2	8	−2	−2	−2	−2	−2

11	12	13	14	15	16	17	18	19	20
34	55	29	73	46	28	36	85	42	35
11	−2	46	12	−12	47	29	−32	3	−12
−2	37	−2	−32	7	−12	−2	2	−22	3
4	−2	8	9	−2	4	7	−22	9	−2

⭐ 주판으로 해 보세요.

	1	2	3	4	5	6	7	8	9	10
	17	53	70	23	34	45	69	28	91	59
	34	28	-12	42	51	-12	26	97	-32	16
	-22	-12	27	-12	-21	86	-32	-22	46	-12
	56	71	-32	73	47	-22	38	49	-22	37

	11	12	13	14	15	16	17	18	19	20
	36	65	33	81	55	27	45	76	84	46
	-12	-12	67	-22	-12	38	-12	-12	21	-12
	81	52	-12	96	27	-12	73	41	-12	31
	-12	-12	45	-22	-12	49	-22	-22	33	-22

⭐ 암산으로 해 보세요.

	1	2	3	4	5	6	7	8	9	10
	35	62	66	3	15	7	41	85	57	39
	-2	4	-2	73	-2	68	4	-2	8	7
	5	-2	5	-2	5	-2	-2	8	-2	-2
	6	8	3	7	3	9	3	-2	3	5

주판으로 해 보세요.

1	370 × 8 =
2	653 × 5 =
3	731 × 2 =
4	187 × 0 =
5	209 × 7 =
6	815 × 9 =
7	676 × 4 =
8	724 × 6 =
9	593 × 1 =
10	387 × 3 =
11	866 × 2 =
12	935 × 7 =
13	759 × 3 =
14	478 × 5 =
15	586 × 9 =

⑯
$$\begin{array}{r} 875 \\ \times\quad 7 \\ \hline \end{array}$$

⑰
$$\begin{array}{r} 617 \\ \times\quad 5 \\ \hline \end{array}$$

⑱
$$\begin{array}{r} 953 \\ \times\quad 6 \\ \hline \end{array}$$

⑲
$$\begin{array}{r} 138 \\ \times\quad 2 \\ \hline \end{array}$$

⑳
$$\begin{array}{r} 572 \\ \times\quad 4 \\ \hline \end{array}$$

㉑
$$\begin{array}{r} 376 \\ \times\quad 8 \\ \hline \end{array}$$

㉒
$$\begin{array}{r} 267 \\ \times\quad 1 \\ \hline \end{array}$$

㉓
$$\begin{array}{r} 815 \\ \times\quad 3 \\ \hline \end{array}$$

㉔
$$\begin{array}{r} 509 \\ \times\quad 8 \\ \hline \end{array}$$

㉕
$$\begin{array}{r} 793 \\ \times\quad 5 \\ \hline \end{array}$$

암산으로 해 보세요.

1	92 × 2 =	6	5 × 25 =
2	75 × 4 =	7	1 × 37 =
3	64 × 0 =	8	7 × 56 =
4	47 × 9 =	9	8 × 68 =
5	19 × 3 =	10	6 × 97 =

올셈 4단계

⭐ 주판으로 해 보세요.

올셈 4단계

1	2	3	4	5	6	7	8	9	10
31	14	75	35	17	68	51	47	82	23
44	83	-12	57	54	79	-22	85	24	59
-22	65	42	18	-12	15	31	29	-22	64
37	23	-22	43	76	33	-22	70	56	38
-12	48	34	69	-21	54	75	23	-32	41

11	12	13	14	15	16	17	18	19	20
62	46	13	65	73	35	29	61	43	75
80	25	89	-22	81	56	43	-22	82	-22
46	-12	43	18	28	-32	75	76	18	38
95	56	60	-22	33	57	40	-22	42	65
13	-12	76	68	46	-22	36	48	59	-22

⭐ 암산으로 해 보세요.

1	2	3	4	5	6	7	8	9	10
2	37	9	68	8	75	7	3	54	36
63	4	6	7	26	-2	6	82	8	9
7	-2	35	-2	1	8	53	-2	3	-2
3	3	8	4	9	-2	9	7	6	4

⭐ 주판으로 해 보세요.

1	507 × 2 =
2	195 × 7 =
3	743 × 6 =
4	817 × 5 =
5	385 × 9 =
6	567 × 4 =
7	649 × 1 =
8	518 × 8 =
9	986 × 5 =
10	861 × 0 =

11	5 × 873 =
12	0 × 797 =
13	7 × 241 =
14	8 × 613 =
15	2 × 507 =
16	9 × 386 =
17	6 × 475 =
18	1 × 951 =
19	7 × 187 =
20	3 × 869 =

⭐ 암산으로 해 보세요.

1	91 × 2 =
2	73 × 4 =
3	64 × 3 =
4	46 × 7 =
5	37 × 5 =
6	19 × 9 =
7	28 × 8 =
8	55 × 1 =
9	82 × 0 =
10	10 × 6 =

11	6 × 86 =
12	4 × 52 =
13	3 × 83 =
14	1 × 97 =
15	2 × 75 =
16	5 × 36 =
17	8 × 18 =
18	9 × 69 =
19	7 × 40 =
20	0 × 91 =

연산학습

Q 1 계산을 하시오.

① ☐ $79 + 24 =$

② ☐ $36 + 86 =$

③ ☐ $57 + 77 =$

④ ☐ $48 + 92 =$

Q 2 계산을 하시오.

① $73 \times 4 =$

② $64 \times 9 =$

③ $72 \times 6 =$

④ $39 \times 8 =$

⑤ $49 \times 3 =$

⑥ $83 \times 6 =$

Q 3 계산을 하시오.

① $\begin{array}{r} 421 \\ \times \quad 3 \\ \hline \end{array}$

② $\begin{array}{r} 213 \\ \times \ \square\,4 \\ \hline \end{array}$

③ $\begin{array}{r} 162 \\ \times \ \square\ 4 \\ \hline \end{array}$

④ $\begin{array}{r} 231 \\ \times \ \square\ 8 \\ \hline \end{array}$

Q 4 ☐ 안에 알맞은 수를 써넣으시오.

① $73 - 19 = $ ☐
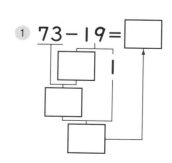

② $71 - 43 = $ ☐
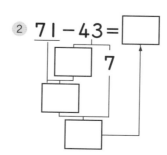

③ $46 - 28 = $ ☐
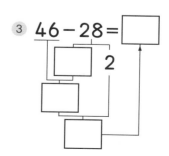

10을 활용한 3의 뺄셈

$$10 - 3 = 7$$

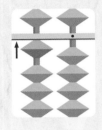

십의 자리에 1을 놓습니다.

→

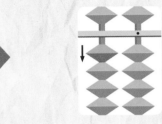

일의 자리에서 3을 뺄 수 없으므로 앞자리(십의 자리)에서 엄지로 1을 빼고...

→

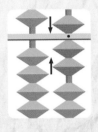

일의 자리에서 엄지와 검지로 동시에 3의 보수 7을 더합니다.

⭐ 주판으로 해 보세요.

1	2	3	4	5	6	7	8	9	10
5	4	6	2	7	8	9	5	4	7
5	8	4	9	3	3	2	6	7	5
−3	−3	−3	−3	−3	−3	−3	−3	−3	−3
4	1	5	2	4	3	4	2	4	1
−3	−3	−3	−3	−3	−3	−3	−3	−3	−3

11	12	13	14	15	16	17	18	19	20
31	51	62	26	81	39	70	44	61	57
−3	19	−3	35	−3	41	−3	28	−3	5
54	−3	21	−3	12	−3	25	−3	17	−3
−3	4	−3	5	−3	8	−3	2	−2	21

⭐ 주판으로 해 보세요.

1	2	3	4	5	6	7	8	9	10
81	39	43	60	57	34	82	64	19	81
-53	41	26	-23	34	21	-53	26	37	-23
38	-23	52	48	-53	75	67	-33	65	68
69	57	-33	29	75	-13	59	46	-13	35

11	12	13	14	15	16	17	18	19	20
23	48	61	39	15	54	72	48	26	37
57	34	-23	42	36	27	-13	33	28	15
61	-23	89	-23	49	-23	86	-23	97	-13
-33	62	28	67	-23	85	39	54	-23	98

⭐ 암산으로 해 보세요.

1	2	3	4	5	6	7	8	9	10
41	6	32	8	60	2	71	3	42	9
-3	54	-3	73	-3	39	-3	58	-3	32
5	-3	9	-3	2	-3	6	-3	9	-3
4	8	6	7	4	5	8	9	7	6

★ 주판으로 해 보세요.

1	167 × 3 =
2	874 × 7 =
3	981 × 6 =
4	348 × 8 =
5	605 × 9 =
6	412 × 4 =
7	569 × 1 =
8	796 × 5 =
9	853 × 6 =
10	540 × 2 =
11	218 × 4 =
12	907 × 5 =
13	736 × 0 =
14	657 × 7 =
15	861 × 6 =

⑯
$$\begin{array}{r} 139 \\ \times \quad 6 \\ \hline \end{array}$$

⑰
$$\begin{array}{r} 547 \\ \times \quad 5 \\ \hline \end{array}$$

⑱
$$\begin{array}{r} 356 \\ \times \quad 4 \\ \hline \end{array}$$

⑲
$$\begin{array}{r} 783 \\ \times \quad 1 \\ \hline \end{array}$$

⑳
$$\begin{array}{r} 894 \\ \times \quad 7 \\ \hline \end{array}$$

㉑
$$\begin{array}{r} 652 \\ \times \quad 3 \\ \hline \end{array}$$

㉒
$$\begin{array}{r} 978 \\ \times \quad 5 \\ \hline \end{array}$$

㉓
$$\begin{array}{r} 519 \\ \times \quad 9 \\ \hline \end{array}$$

㉔
$$\begin{array}{r} 766 \\ \times \quad 6 \\ \hline \end{array}$$

㉕
$$\begin{array}{r} 680 \\ \times \quad 8 \\ \hline \end{array}$$

★ 암산으로 해 보세요.

1	17 × 8 =	6	4 × 81 =
2	43 × 5 =	7	2 × 93 =
3	75 × 3 =	8	0 × 75 =
4	57 × 1 =	9	9 × 67 =
5	89 × 7 =	10	6 × 86 =

올셈 4단계

⭐ 주판으로 해 보세요.

1	2	3	4	5	6	7	8	9	10
71	38	95	45	19	53	65	29	86	59
34	54	16	26	56	38	85	53	54	42
96	−33	57	−13	47	−33	47	−13	75	−33
29	42	35	42	38	27	35	41	48	35
27	−13	42	−31	51	39	44	−23	14	43

11	12	13	14	15	16	17	18	19	20
57	29	38	46	15	83	44	62	73	87
34	51	43	55	25	24	87	34	49	25
−23	45	−13	18	−13	65	−23	89	−33	34
43	37	79	38	84	33	49	73	55	58
−32	63	26	63	−23	49	64	28	17	72

⭐ 암산으로 해 보세요.

1	2	3	4	5	6	7	8	9	10
67	9	23	63	8	3	81	7	42	5
5	5	38	4	52	8	−3	8	−3	8
−3	27	−3	6	−3	46	4	9	9	43
6	4	9	2	6	8	−3	63	6	7

★ 주판으로 해 보세요.

1	641 × 9 =
2	765 × 1 =
3	156 × 3 =
4	573 × 7 =
5	430 × 8 =
6	984 × 2 =
7	868 × 6 =
8	765 × 4 =
9	584 × 8 =
10	623 × 5 =

11	2 × 607 =
12	8 × 149 =
13	5 × 468 =
14	3 × 876 =
15	7 × 764 =
16	6 × 281 =
17	4 × 512 =
18	9 × 386 =
19	1 × 579 =
20	0 × 930 =

 ★ 암산으로 해 보세요.

1	21 × 8 =
2	83 × 5 =
3	78 × 2 =
4	35 × 0 =
5	47 × 7 =
6	56 × 4 =
7	98 × 1 =
8	17 × 9 =
9	53 × 6 =
10	74 × 3 =

11	1 × 86 =
12	4 × 17 =
13	8 × 58 =
14	5 × 35 =
15	2 × 72 =
16	7 × 56 =
17	3 × 23 =
18	6 × 47 =
19	0 × 98 =
20	9 × 37 =

연산학습

Q 1 계산을 하시오.

①
```
  □
  8 4
+ 2 7
```

②
```
  □
  4 6
+ 3 9
```

③
```
  □
  5 8
+ 6 8
```

④
```
  □
  7 3
+ 1 9
```

Q 2 계산을 하시오.

①
```
  6 4
× □ 7
```

②
```
  7 6
× □ 3
```

③
```
  8 4
× □ 6
```

④
```
  3 9
× □ 4
```

Q 3 계산을 하시오.

①
```
  1 2 4
×     2
```

②
```
    2 1 9
× □ □ 7
```

③
```
    1 8 7
× □ □ 8
```

④
```
    2 6 4
× □ □ 6
```

Q 4 □ 안에 알맞은 수를 써넣으시오.

① 74-48=□
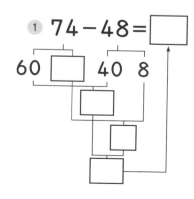

② 62-15=□
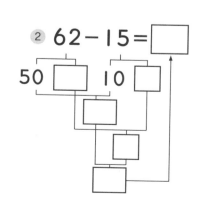

③ 91-46=□
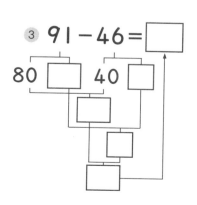

5를 활용한 3의 뺄셈

$$5 - 3 = 2$$

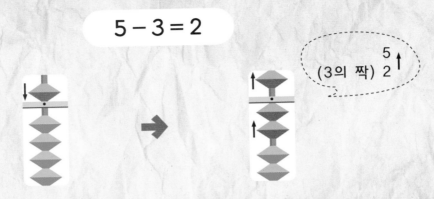

일의 자리에 5를 놓습니다.

아래알에서 3을 뺄 수 없으므로 윗알 5와 3의 짝 2를 엄지와 검지로 동시에 올려줍니다.

⭐ 주판으로 해 보세요.

1	2	3	4	5	6	7	8	9	10
5	9	4	7	2	3	6	5	7	6
−3	6	1	−3	4	4	−3	2	8	−3
8	−3	−3	2	−3	−3	4	−3	−3	8
−3	4	5	−3	2	7	−3	8	9	4
7	−3	−3	9	−3	−3	8	−3	−3	−3

11	12	13	14	15	16	17	18	19	20
36	61	86	27	37	74	55	19	49	67
−3	4	−3	−3	28	13	−3	26	6	−3
27	−3	14	46	−3	−3	39	−3	−3	1
−3	19	−3	−3	8	4	−3	9	34	−13

★ 주판으로 해 보세요.

1	2	3	4	5	6	7	8	9	10
96	24	65	72	56	28	45	39	87	19
-3	81	-3	24	-3	37	-3	26	-3	46
27	-3	89	-3	29	-3	64	-3	71	-3
-12	53	-32	57	-13	74	-12	54	-33	84

11	12	13	14	15	16	17	18	19	20
47	71	55	82	37	23	76	43	95	39
-3	34	-3	23	-3	42	-3	84	-3	56
66	-3	39	-3	58	-3	32	-3	29	-3
-23	59	-32	44	-23	54	-13	11	-12	28

★ 암산으로 해 보세요.

1	2	3	4	5	6	7	8	9	10
6	49	55	73	27	4	45	54	36	82
-3	6	-3	12	-3	42	-3	3	-3	4
39	-3	7	-3	36	-3	24	-3	22	-3
14	28	15	9	-3	29	7	41	-3	12

★ 주판으로 해 보세요.

1	965 × 7 =
2	572 × 1 =
3	758 × 3 =
4	847 × 8 =
5	394 × 5 =
6	871 × 2 =
7	283 × 0 =
8	730 × 9 =
9	929 × 3 =
10	818 × 5 =
11	904 × 1 =
12	725 × 3 =
13	586 × 4 =
14	370 × 8 =
15	148 × 5 =

⑯
```
  970
×   5
```

⑰
```
  838
×   6
```

⑱
```
  125
×   3
```

⑲
```
  253
×   7
```

⑳
```
  367
×   8
```

㉑
```
  675
×   9
```

㉒
```
  509
×   1
```

㉓
```
  493
×   0
```

㉔
```
  864
×   9
```

㉕
```
  915
×   5
```

★ 암산으로 해 보세요.

1	16 × 9 =
2	80 × 6 =
3	97 × 1 =
4	28 × 2 =
5	67 × 4 =

6	3 × 80 =
7	5 × 69 =
8	7 × 53 =
9	0 × 18 =
10	8 × 68 =

⭐ 주판으로 해 보세요.

1	2	3	4	5	6	7	8	9	10
81	21	36	74	53	65	48	19	95	28
34	94	74	82	67	54	77	46	26	53
−23	77	−23	35	−31	89	−31	58	−32	64
68	33	18	69	72	37	26	39	76	78
−21	49	−13	45	−22	18	−32	53	−23	49

11	12	13	14	15	16	17	18	19	20
37	60	14	45	79	29	17	37	48	75
65	−31	89	76	35	36	54	64	53	37
43	96	42	−32	12	−23	29	−13	14	−33
89	−23	78	63	86	59	45	67	48	42
56	49	32	−23	39	−13	46	−33	39	−32

⭐ 암산으로 해 보세요.

1	2	3	4	5	6	7	8	9	10
24	8	9	36	55	61	37	57	4	73
32	5	36	7	−3	−3	28	9	62	3
−3	54	−3	24	14	8	−3	44	−3	38
9	16	18	8	−3	36	4	8	22	3

⭐ 주판으로 해 보세요.

1	671 × 3 =
2	853 × 5 =
3	719 × 4 =
4	297 × 9 =
5	538 × 7 =
6	486 × 5 =
7	375 × 6 =
8	954 × 4 =
9	863 × 9 =
10	186 × 0 =

11	3 × 475 =
12	2 × 736 =
13	4 × 880 =
14	7 × 918 =
15	8 × 872 =
16	0 × 527 =
17	9 × 346 =
18	6 × 467 =
19	1 × 586 =
20	4 × 614 =

⭐ 암산으로 해 보세요.

1	90 × 2 =
2	52 × 5 =
3	15 × 7 =
4	38 × 8 =
5	59 × 9 =
6	76 × 0 =
7	89 × 7 =
8	21 × 1 =
9	34 × 5 =
10	47 × 6 =

11	3 × 35 =
12	4 × 76 =
13	9 × 93 =
14	7 × 18 =
15	8 × 89 =
16	5 × 26 =
17	2 × 58 =
18	0 × 41 =
19	7 × 63 =
20	9 × 13 =

연 산 학 습

Q 1 계산을 하시오.

① □ 68+33=

② □ 89+18=

③ □ 96+35=

④ □ 28+77=

Q 2 계산을 하시오.

① 62×7=

② 86×9=

③ 49×6=

④ 75×4=

⑤ 98×3=

⑥ 94×2=

Q 3 계산을 하시오.

① 6 1 5
× □□8

② 3 5 7
× □□6

③ 4 6 7
× □□3

④ 7 4 5
× □□4

Q 4 계산을 하시오.

① 4 5
− 3 1

② 5 5
− 2 3

③ □□ 3 1
− 1 2

④ □□ 6 0
− 2 3

10을 활용한 4의 뺄셈

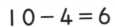

$$10 - 4 = 6$$

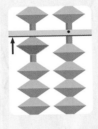

십의 자리에 1을 놓습니다.

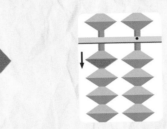

일의 자리에서 4를 뺄 수 없으므로 앞자리(십의 자리)에서 엄지로 1을 빼고...

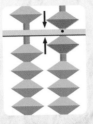

일의 자리에서 엄지와 검지로 동시에 4의 보수 6을 더합니다.

⭐ 주판으로 해 보세요.

1	2	3	4	5	6	7	8	9	10
5	7	3	6	9	8	7	9	2	5
5	3	9	5	3	2	6	2	8	8
−4	−4	−4	−4	−4	−4	−4	−4	−4	−4
6	5	5	3	2	5	1	6	5	2
−4	−4	−4	−4	−4	−4	−4	−4	−4	−4

11	12	13	14	15	16	17	18	19	20
42	83	27	36	21	62	80	54	33	67
68	−4	45	74	−4	49	−4	29	−4	23
−4	39	−4	−4	86	−4	59	−4	42	−4
57	−41	35	48	14	68	−41	76	−34	95

⭐ 주판으로 해 보세요.

1	2	3	4	5	6	7	8	9	10
23	47	62	38	70	48	61	53	13	35
-4	16	-4	23	-4	33	-4	27	-4	25
52	-4	55	-4	67	-4	56	-4	61	-4
-34	61	-24	66	-24	65	-44	86	-4	28

11	12	13	14	15	16	17	18	19	20
64	71	58	32	25	73	69	43	52	31
26	-4	35	-4	38	-4	13	-4	38	-4
-34	56	-4	45	-4	52	-4	61	-4	95
38	-34	76	-34	67	-34	27	-14	67	-34

⭐ 암산으로 해 보세요.

1	2	3	4	5	6	7	8	9	10
85	43	22	73	54	9	61	7	13	36
6	-4	8	-4	7	32	-4	35	-4	5
-4	27	-4	12	-4	-4	7	-4	72	-4
23	8	57	-4	29	56	31	43	-4	25

⭐ 주판으로 해 보세요.

1	519 × 3 =
2	727 × 1 =
3	246 × 4 =
4	854 × 2 =
5	931 × 5 =
6	363 × 9 =
7	492 × 5 =
8	675 × 4 =
9	148 × 0 =
10	980 × 7 =
11	307 × 8 =
12	619 × 6 =
13	483 × 3 =
14	168 × 4 =
15	831 × 8 =

16
$$\begin{array}{r} 703 \\ \times 2 \\ \hline \end{array}$$

17
$$\begin{array}{r} 497 \\ \times 8 \\ \hline \end{array}$$

18
$$\begin{array}{r} 150 \\ \times 5 \\ \hline \end{array}$$

19
$$\begin{array}{r} 262 \\ \times 4 \\ \hline \end{array}$$

20
$$\begin{array}{r} 541 \\ \times 7 \\ \hline \end{array}$$

21
$$\begin{array}{r} 819 \\ \times 1 \\ \hline \end{array}$$

22
$$\begin{array}{r} 987 \\ \times 5 \\ \hline \end{array}$$

23
$$\begin{array}{r} 675 \\ \times 6 \\ \hline \end{array}$$

24
$$\begin{array}{r} 347 \\ \times 7 \\ \hline \end{array}$$

25
$$\begin{array}{r} 129 \\ \times 0 \\ \hline \end{array}$$

⭐ 암산으로 해 보세요.

1	70 × 2 =	6	1 × 89 =
2	53 × 9 =	7	4 × 74 =
3	36 × 5 =	8	6 × 45 =
4	98 × 7 =	9	8 × 68 =
5	16 × 3 =	10	0 × 89 =

⭐ 주판으로 해 보세요.

1	2	3	4	5	6	7	8	9	10
54	79	37	89	63	19	34	48	29	65
17	35	28	16	-24	82	16	53	32	74
-34	22	56	45	38	35	-24	34	64	48
75	18	-43	82	46	27	35	26	-41	59
-44	61	88	23	-34	32	-34	57	96	31

11	12	13	14	15	16	17	18	19	20
57	14	67	62	58	15	10	41	73	56
69	52	90	-24	25	45	98	24	62	47
86	76	31	87	45	-34	70	36	46	-24
43	-24	48	-42	79	97	53	-14	54	36
19	57	16	53	81	-44	21	69	29	-41

⭐ 암산으로 해 보세요.

1	2	3	4	5	6	7	8	9	10
8	21	43	9	64	56	9	47	23	13
35	4	-4	4	7	7	14	8	9	34
-4	9	22	32	-4	3	39	52	-4	5
27	31	-3	29	18	47	-4	5	96	9

⭐ 주판으로 해 보세요.

1	301 × 9 =
2	576 × 3 =
3	765 × 5 =
4	988 × 4 =
5	816 × 7 =
6	567 × 1 =
7	364 × 8 =
8	716 × 6 =
9	182 × 0 =
10	326 × 2 =

11	7 × 193 =
12	6 × 870 =
13	5 × 721 =
14	4 × 938 =
15	9 × 646 =
16	1 × 865 =
17	8 × 351 =
18	0 × 284 =
19	2 × 419 =
20	6 × 597 =

⭐ 암산으로 해 보세요.

1	10 × 2 =
2	59 × 6 =
3	27 × 5 =
4	43 × 7 =
5	75 × 8 =
6	38 × 9 =
7	87 × 1 =
8	59 × 6 =
9	98 × 7 =
10	64 × 3 =

11	9 × 36 =
12	0 × 57 =
13	8 × 96 =
14	5 × 24 =
15	1 × 83 =
16	7 × 71 =
17	2 × 12 =
18	6 × 68 =
19	4 × 55 =
20	3 × 42 =

연산학습

Q 1 계산을 하시오.

① □
```
   5 6
 + 4 8
```

② □
```
   3 6
 + 6 4
```

③ □
```
   4 3
 + 6 7
```

④ □
```
   7 6
 + 3 8
```

Q 2 계산을 하시오.

①
```
   7 6
 × □ 8
```

②
```
   9 4
 × □ 3
```

③
```
   8 2
 × □ 6
```

④
```
   3 8
 × □ 7
```

Q 3 계산을 하시오.

①
```
   8 4 2
 × □□ 6
```

②
```
   9 2 3
 ×  □ 4
```

③
```
   7 4 9
 × □□ 8
```

④
```
   7 7 5
 × □□ 4
```

Q 4 계산을 하시오.

① □□
```
   6 0
 - 2 4
```

② □□
```
   7 2
 - 4 4
```

③ □□
```
   8 5
 - 3 7
```

④
```
   5 7
 - 3 3
```

5를 활용한 4의 뺄셈

$$5 - 4 = 1$$

 →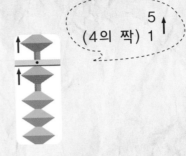

일의 자리에 5를
놓습니다.

아래알에서 4를 뺄 수 없으므
로 윗알 5와 4의 짝 1을 엄지
와 검지로 동시에 올려줍니다.

⭐ 주판으로 해 보세요.

1	2	3	4	5	6	7	8	9	10
5	5	9	6	4	7	8	2	7	9
− 4	3	7	− 4	3	3	− 4	4	− 4	1
9	− 4	− 4	8	− 4	− 4	6	− 4	8	− 4
− 4	7	3	− 4	9	9	− 4	9	− 4	6
8	− 4	− 4	5	− 4	− 4	7	− 4	9	− 4

11	12	13	14	15	16	17	18	19	20
47	52	35	71	65	54	78	28	96	32
− 4	3	− 4	35	− 4	31	− 4	47	− 4	53
17	− 4	59	− 4	29	− 4	11	− 4	23	− 4
− 4	41	− 4	38	− 4	26	− 4	9	− 4	− 4

⭐ 주판으로 해 보세요.

1	2	3	4	5	6	7	8	9	10
81	56	27	77	53	85	43	96	39	77
26	-4	48	-4	22	-4	24	-4	28	-4
-4	73	-4	32	-4	26	-4	13	-4	82
38	-24	56	-14	19	-14	28	-34	63	-24

11	12	13	14	15	16	17	18	19	20
46	79	19	52	67	23	55	34	26	95
-4	28	36	63	-4	44	-4	24	-4	-4
53	-4	-4	-4	53	-4	66	-4	88	36
-44	33	67	46	-34	58	-24	57	-24	-44

⭐ 암산으로 해 보세요.

1	2	3	4	5	6	7	8	9	10
62	15	7	31	9	73	6	23	83	42
3	-4	28	-4	36	-4	67	-4	2	-4
-4	69	-4	29	-4	2	-4	36	-4	58
17	-4	51	-4	27	36	21	-4	54	-4

1	954 × 7 =
2	437 × 8 =
3	741 × 3 =
4	628 × 1 =
5	875 × 5 =
6	516 × 2 =
7	190 × 6 =
8	583 × 3 =
9	279 × 4 =
10	358 × 9 =
11	462 × 7 =
12	897 × 0 =
13	178 × 2 =
14	737 × 5 =
15	645 × 8 =

⑯
$$\begin{array}{r} 805 \\ \times 3 \\ \hline \end{array}$$

⑰
$$\begin{array}{r} 187 \\ \times 7 \\ \hline \end{array}$$

⑱
$$\begin{array}{r} 753 \\ \times 1 \\ \hline \end{array}$$

⑲
$$\begin{array}{r} 267 \\ \times 8 \\ \hline \end{array}$$

⑳
$$\begin{array}{r} 348 \\ \times 2 \\ \hline \end{array}$$

㉑
$$\begin{array}{r} 483 \\ \times 5 \\ \hline \end{array}$$

㉒
$$\begin{array}{r} 561 \\ \times 7 \\ \hline \end{array}$$

㉓
$$\begin{array}{r} 657 \\ \times 0 \\ \hline \end{array}$$

㉔
$$\begin{array}{r} 719 \\ \times 9 \\ \hline \end{array}$$

㉕
$$\begin{array}{r} 938 \\ \times 4 \\ \hline \end{array}$$

★ 암산으로 해 보세요.

1	19 × 2 =
2	92 × 4 =
3	83 × 8 =
4	74 × 6 =
5	68 × 5 =

6	3 × 38 =
7	1 × 52 =
8	9 × 70 =
9	0 × 98 =
10	7 × 83 =

⭐ 주판으로 해 보세요.

1	2	3	4	5	6	7	8	9	10
36	45	73	18	64	57	81	68	95	48
27	16	-34	45	21	69	24	33	27	53
-34	59	86	63	-44	81	-14	27	36	39
86	38	-24	96	76	37	65	34	-24	16
-44	28	57	44	-34	11	-23	18	41	27

11	12	13	14	15	16	17	18	19	20
91	43	52	36	64	47	79	26	94	58
35	23	75	54	81	48	64	64	27	13
49	-34	34	22	27	26	18	11	39	-42
16	93	29	-43	45	34	26	-44	62	78
27	-34	46	67	53	-14	35	86	34	-14

⭐ 암산으로 해 보세요.

1	2	3	4	5	6	7	8	9	10
31	29	6	37	9	62	9	63	7	73
-4	6	65	8	19	3	4	-4	85	-4
58	8	-4	-4	23	-4	52	27	4	56
-4	32	-4	25	4	29	18	-4	28	-4

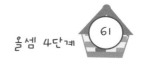

⭐ 주판으로 해 보세요.

1	798 × 5 =
2	465 × 2 =
3	985 × 7 =
4	258 × 3 =
5	753 × 4 =
6	159 × 5 =
7	357 × 6 =
8	654 × 4 =
9	456 × 2 =
10	789 × 8 =

11	7 × 321 =
12	6 × 213 =
13	4 × 315 =
14	3 × 852 =
15	8 × 495 =
16	2 × 459 =
17	7 × 685 =
18	8 × 735 =
19	9 × 268 =
20	6 × 825 =

⭐ 암산으로 해 보세요.

1	25 × 8 =
2	13 × 6 =
3	68 × 3 =
4	95 × 2 =
5	35 × 9 =
6	45 × 8 =
7	69 × 6 =
8	78 × 7 =
9	98 × 2 =
10	23 × 5 =

11	4 × 78 =
12	5 × 38 =
13	6 × 73 =
14	2 × 49 =
15	3 × 46 =
16	6 × 38 =
17	5 × 66 =
18	8 × 25 =
19	5 × 77 =
20	4 × 98 =

연산학습

Q 1　계산을 하시오.

① ☐ 58+63=

② ☐ 79+44=

③ ☐ 67+44=

④ ☐ 26+89=

Q 2　계산을 하시오.

① 21×8=

② 50×7=

③ 32×7=

④ 79×6=

Q 3　계산을 하시오.

①
```
  5 4 2
× ☐ ☐ 7
```

②
```
  7 3 9
× ☐ ☐ 6
```

③
```
  5 8 8
× ☐ ☐ 8
```

④
```
  1 7 9
× ☐ ☐ 4
```

Q 4　계산을 하시오.

①
```
  ☐ ☐
  6 8
- 3 9
```

②
```
  ☐ ☐
  3 3
- 1 4
```

③
```
  ☐ ☐
  4 2
- 2 5
```

④
```
  ☐ ☐
  9 5
- 3 7
```

종합연습문제 ①

⭐ 주판으로 해 보세요.

1	489 × 6 =
2	768 × 7 =
3	998 × 5 =
4	385 × 6 =
5	254 × 2 =
6	236 × 4 =
7	452 × 8 =
8	135 × 9 =
9	365 × 6 =
10	868 × 8 =
11	523 × 7 =
12	369 × 5 =
13	964 × 1 =
14	268 × 2 =
15	775 × 3 =

⑯
```
  699
×   8
```

⑰
```
  485
×   7
```

⑱
```
  445
×   4
```

⑲
```
  754
×   5
```

⑳
```
  528
×   4
```

㉑
```
  486
×   5
```

㉒
```
  415
×   7
```

㉓
```
  458
×   7
```

㉔
```
  852
×   9
```

㉕
```
  326
×   6
```

평가

확인

⭐ 암산으로 해 보세요.

1	69 × 6 =
2	48 × 8 =
3	75 × 5 =
4	35 × 2 =
5	25 × 4 =

6	7 × 95 =
7	6 × 68 =
8	3 × 31 =
9	8 × 78 =
10	9 × 27 =

공부한 날

월

일

64
올셈 4단계

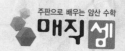

⭐ 주판으로 해 보세요.

1	2	3	4	5	6	7	8	9	10
68	43	56	16	86	58	60	43	53	85
-34	32	-12	67	-43	32	-21	19	-14	26
27	-41	76	-44	29	-21	36	-34	62	-44
-42	66	-31	72	-34	46	-22	73	-23	58
96	-21	54	-23	73	-43	82	-22	35	-31

11	12	13	14	15	16	17	18	19	20
52	65	14	71	62	80	24	42	64	82
23	-21	59	-32	28	-43	41	-23	26	-43
-41	68	-44	63	-31	65	-33	96	-33	62
47	-23	76	-14	56	-13	69	-41	29	-24
-12	42	-21	56	-33	45	-12	27	-44	39

⭐ 암산으로 해 보세요.

1	2	3	4	5	6	7	8	9	10
35	28	40	55	47	70	61	15	62	33
-1	-4	-1	-1	-4	-1	-3	-4	-3	-4
86	36	56	38	27	26	32	79	16	58
-3	-1	-4	-33	-4	-3	-1	-2	-1	-3

1	226 × 5 =
2	445 × 6 =
3	356 × 7 =
4	722 × 9 =
5	945 × 8 =
6	852 × 4 =
7	106 × 2 =
8	386 × 3 =
9	765 × 6 =
10	449 × 5 =
11	689 × 9 =
12	850 × 8 =
13	648 × 4 =
14	904 × 7 =
15	578 × 5 =

⑯
$$\begin{array}{r} 456 \\ \times\quad 7 \\ \hline \end{array}$$

⑰
$$\begin{array}{r} 210 \\ \times\quad 9 \\ \hline \end{array}$$

⑱
$$\begin{array}{r} 586 \\ \times\quad 7 \\ \hline \end{array}$$

⑲
$$\begin{array}{r} 790 \\ \times\quad 5 \\ \hline \end{array}$$

⑳
$$\begin{array}{r} 659 \\ \times\quad 8 \\ \hline \end{array}$$

㉑
$$\begin{array}{r} 258 \\ \times\quad 6 \\ \hline \end{array}$$

㉒
$$\begin{array}{r} 759 \\ \times\quad 6 \\ \hline \end{array}$$

㉓
$$\begin{array}{r} 508 \\ \times\quad 4 \\ \hline \end{array}$$

㉔
$$\begin{array}{r} 189 \\ \times\quad 6 \\ \hline \end{array}$$

㉕
$$\begin{array}{r} 337 \\ \times\quad 9 \\ \hline \end{array}$$

★ 암산으로 해 보세요.

1	76 × 8 =
2	57 × 2 =
3	95 × 6 =
4	79 × 5 =
5	88 × 2 =

6	4 × 49 =
7	8 × 69 =
8	6 × 89 =
9	2 × 27 =
10	7 × 67 =

주판으로 해 보세요.

1	2	3	4	5	6	7	8	9	10
89	35	45	58	72	27	32	91	53	66
56	-12	61	-14	86	-14	43	-52	34	-12
-34	48	-23	41	-25	92	-22	66	-45	38
67	-33	32	18	27	-31	69	-11	73	-23
-42	74	-21	-44	-22	41	-34	23	-31	56

11	12	13	14	15	16	17	18	19	20
30	34	95	51	60	34	73	61	88	46
-11	54	-32	12	-41	54	-14	34	-24	36
38	-44	43	-24	57	-24	53	-54	37	-24
-24	91	-14	76	-32	47	-23	79	-12	47
72	-21	56	-42	68	-22	45	-31	28	-11

암산으로 해 보세요.

1	2	3	4	5	6	7	8	9	10
96	73	65	72	46	61	37	20	31	45
-3	-4	-2	-3	-4	-2	-4	-1	-2	-1
17	36	13	56	33	32	58	64	56	67
-2	-3	-2	-4	-1	-3	-2	-4	-4	-2

1	589 × 5 =
2	625 × 9 =
3	345 × 7 =
4	221 × 8 =
5	109 × 6 =
6	238 × 3 =
7	975 × 2 =
8	762 × 5 =
9	645 × 4 =
10	425 × 1 =

11	2 × 995 =
12	4 × 858 =
13	6 × 446 =
14	4 × 767 =
15	8 × 620 =
16	9 × 225 =
17	4 × 310 =
18	1 × 428 =
19	6 × 694 =
20	8 × 756 =

★ 암산으로 해 보세요.

1	86 × 7 =
2	52 × 9 =
3	32 × 5 =
4	46 × 6 =
5	85 × 8 =
6	90 × 4 =
7	19 × 2 =
8	68 × 3 =
9	75 × 1 =
10	99 × 8 =

11	4 × 55 =
12	5 × 85 =
13	6 × 26 =
14	9 × 30 =
15	2 × 44 =
16	3 × 62 =
17	5 × 50 =
18	8 × 18 =
19	2 × 37 =
20	7 × 97 =

연산학습

Q 1 계산을 하시오.

| ① $\square$ 29 +84 | ② $\square$ 65 +65 | ③ $\square$ 76 +38 | ④ $\square$ 99 +42 |

Q 2 계산을 하시오.

| ① 84 ×$\square$3 | ② 18 ×$\square$7 | ③ 46 ×$\square$5 | ④ 54 ×$\square$9 |

Q 3 계산을 하시오.

| ① 695 ×$\square\square$6 | ② 917 × $\square$5 | ③ 826 ×$\square\square$4 | ④ 358 ×$\square\square$3 |

Q 4 계산을 하시오.

| ① $\square\square$ 68 −29 | ② $\square\square$ 76 −18 | ③ $\square\square$ 83 −47 | ④ $\square\square$ 93 −28 |

종합연습문제 ②

⭐ 주판으로 해 보세요.

1	2	3	4	5	6	7	8	9	10
42	29	56	83	97	36	61	74	31	14
34	37	45	51	-63	63	24	15	54	86
-13	45	-22	26	76	17	-42	95	-23	39
58	64	36	37	-21	45	89	47	43	53
-32	88	-41	18	56	29	-14	23	-11	20

11	12	13	14	15	16	17	18	19	20
65	87	54	41	23	72	95	55	47	91
94	-54	39	-13	52	34	63	-12	32	-33
31	72	62	57	33	-23	27	38	58	52
58	-11	28	-32	25	42	54	-24	36	-41
19	63	42	79	68	-21	28	56	29	43

⭐ 암산으로 해 보세요.

1	2	3	4	5	6	7	8	9	10
41	6	2	45	7	2	34	5	4	62
24	35	9	-1	8	83	7	28	9	-3
9	-3	34	26	35	-24	57	-4	53	31
16	27	58	-11	27	9	5	52	15	-1

⭐ 주판으로 해 보세요.

1	218 × 2 =
2	885 × 5 =
3	799 × 8 =
4	462 × 9 =
5	225 × 6 =
6	389 × 4 =
7	720 × 7 =
8	259 × 5 =
9	634 × 6 =
10	461 × 1 =

11	4 × 208 =
12	6 × 426 =
13	2 × 258 =
14	8 × 465 =
15	5 × 108 =
16	1 × 859 =
17	3 × 922 =
18	6 × 557 =
19	9 × 463 =
20	8 × 339 =

⭐ 암산으로 해 보세요.

1	58 × 2 =
2	22 × 8 =
3	69 × 9 =
4	98 × 5 =
5	76 × 2 =
6	56 × 4 =
7	18 × 1 =
8	75 × 3 =
9	45 × 6 =
10	64 × 0 =

11	4 × 77 =
12	6 × 78 =
13	2 × 89 =
14	3 × 65 =
15	7 × 65 =
16	8 × 45 =
17	9 × 23 =
18	2 × 32 =
19	1 × 28 =
20	3 × 69 =

★ 주판으로 해 보세요.

1	2	3	4	5	6	7	8	9	10
34	78	41	62	53	86	47	95	21	65
23	-34	89	-23	74	25	56	-61	44	-32
54	81	55	76	85	-32	89	84	76	69
19	41	28	-34	23	56	56	-24	29	-23
63	57	49	29	66	-42	23	37	83	45

11	12	13	14	15	16	17	18	19	20
32	73	27	48	85	92	53	14	61	25
68	42	74	64	-41	24	64	58	54	38
12	25	-12	95	63	46	-3	60	-33	92
25	34	21	78	-14	89	36	79	78	68
-34	81	-43	16	59	34	-42	94	-21	32

★ 암산으로 해 보세요.

1	2	3	4	5	6	7	8	9	10
7	60	5	35	8	45	9	16	7	80
36	-1	26	-1	54	-4	13	25	9	-3
14	5	9	26	33	24	5	-2	25	8
8	19	43	-2	9	-3	54	33	59	-21

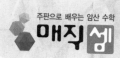

주판으로 해 보세요.

1	562 × 8 =
2	446 × 5 =
3	388 × 2 =
4	565 × 4 =
5	232 × 6 =
6	692 × 9 =
7	589 × 7 =
8	987 × 3 =
9	741 × 1 =
10	852 × 0 =

11	1 × 159 =
12	3 × 357 =
13	4 × 957 =
14	6 × 759 =
15	5 × 684 =
16	9 × 486 =
17	7 × 354 =
18	8 × 153 =
19	2 × 259 =
20	6 × 952 =

암산으로 해 보세요.

1	89 × 7 =
2	23 × 9 =
3	45 × 5 =
4	65 × 4 =
5	46 × 6 =
6	59 × 8 =
7	15 × 2 =
8	26 × 3 =
9	48 × 1 =
10	59 × 0 =

11	4 × 75 =
12	6 × 86 =
13	8 × 63 =
14	1 × 53 =
15	3 × 42 =
16	5 × 10 =
17	6 × 21 =
18	7 × 69 =
19	8 × 94 =
20	5 × 82 =

TEST

⭐ 주판으로 해 보세요.　　　　　　　　걸린시간 (　　분　　초)

1	2	3	4	5	6	7	8	9	10
44	21	92	48	35	13	26	17	45	36
18	44	68	19	26	98	84	39	26	25
−23	68	−24	56	−32	54	−43	58	−32	74
86	23	29	34	76	36	58	43	66	37
−41	57	−32	75	−41	64	−31	86	−24	54

11	12	13	14	15	16	17	18	19	20
14	70	27	52	33	67	49	85	24	37
43	−41	35	63	42	−34	35	−41	48	45
76	76	53	−41	57	78	51	69	33	−43
32	−24	49	82	24	−23	88	−24	58	82
17	59	38	−12	49	56	62	48	39	−34

⭐ 암산으로 해 보세요.　　　　　　　　걸린시간 (　　분　　초)

1	2	3	4	5	6	7	8	9	10
34	4	6	28	33	82	8	9	5	28
9	27	34	3	2	−3	37	23	19	42
23	−2	9	−12	8	16	49	−3	2	−4
8	26	38	85	24	−1	7	34	95	16

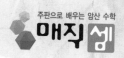
⭐ 주판으로 해 보세요.

1	842 × 5 =
2	248 × 9 =
3	952 × 8 =
4	841 × 6 =
5	148 × 4 =
6	963 × 2 =
7	369 × 9 =
8	258 × 1 =
9	852 × 9 =
10	741 × 5 =

11	7 × 357 =
12	8 × 654 =
13	5 × 954 =
14	2 × 541 =
15	3 × 210 =
16	6 × 908 =
17	4 × 840 =
18	9 × 800 =
19	5 × 658 =
20	2 × 789 =

⭐ 암산으로 해 보세요.

1	23 × 7 =
2	56 × 9 =
3	89 × 8 =
4	18 × 4 =
5	91 × 6 =
6	62 × 5 =
7	80 × 3 =
8	56 × 6 =
9	29 × 1 =
10	78 × 2 =

11	2 × 94 =
12	6 × 87 =
13	5 × 68 =
14	4 × 35 =
15	2 × 26 =
16	3 × 51 =
17	1 × 17 =
18	9 × 24 =
19	8 × 37 =
20	4 × 86 =

구구단을 외우자

2 × 1 = 0 2	3 × 1 = 0 3	4 × 1 = 0 4
2 × 2 = 0 4	3 × 2 = 0 6	4 × 2 = 0 8
2 × 3 = 0 6	3 × 3 = 0 9	4 × 3 = 1 2
2 × 4 = 0 8	3 × 4 = 1 2	4 × 4 = 1 6
2 × 5 = 1 0	3 × 5 = 1 5	4 × 5 = 2 0
2 × 6 = 1 2	3 × 6 = 1 8	4 × 6 = 2 4
2 × 7 = 1 4	3 × 7 = 2 1	4 × 7 = 2 8
2 × 8 = 1 6	3 × 8 = 2 4	4 × 8 = 3 2
2 × 9 = 1 8	3 × 9 = 2 7	4 × 9 = 3 6

5 × 1 = 0 5	6 × 1 = 0 6	7 × 1 = 0 7
5 × 2 = 1 0	6 × 2 = 1 2	7 × 2 = 1 4
5 × 3 = 1 5	6 × 3 = 1 8	7 × 3 = 2 1
5 × 4 = 2 0	6 × 4 = 2 4	7 × 4 = 2 8
5 × 5 = 2 5	6 × 5 = 3 0	7 × 5 = 3 5
5 × 6 = 3 0	6 × 6 = 3 6	7 × 6 = 4 2
5 × 7 = 3 5	6 × 7 = 4 2	7 × 7 = 4 9
5 × 8 = 4 0	6 × 8 = 4 8	7 × 8 = 5 6
5 × 9 = 4 5	6 × 9 = 5 4	7 × 9 = 6 3

8 × 1 = 0 8		9 × 1 = 0 9
8 × 2 = 1 6		9 × 2 = 1 8
8 × 3 = 2 4		9 × 3 = 2 7
8 × 4 = 3 2		9 × 4 = 3 6
8 × 5 = 4 0		9 × 5 = 4 5
8 × 6 = 4 8		9 × 6 = 5 4
8 × 7 = 5 6		9 × 7 = 6 3
8 × 8 = 6 4		9 × 8 = 7 2
8 × 9 = 7 2		9 × 9 = 8 1

주판으로 배우는 암산 수학
매직샘

매직샘 홈페이지 : www.magicsem.co.kr
무료상담 : 080-3131-7404

EQ 올셈 4단계 정 답 지

P.4
1 2127 2 3035 3 2114 4 1248 5 1406
6 405 7 4527 8 424 9 6424 10 4228
11 1206 12 2715 13 2804 14 3248 15 618
16 2112 17 2442 18 4008 19 614 20 3624
21 1040 22 1818 23 5409 24 6307 25 2412
1 81 2 420 3 483 4 96 5 118
6 102 7 632 8 39 9 333 10 249

P.5
1 278 2 185 3 377 4 215 5 265
6 275 7 121 8 205 9 255 10 200
11 263 12 160 13 265 14 229 15 221
16 148 17 291 18 211 19 153 20 260
1 33 2 30 3 30 4 36 5 25
6 36 7 26 8 32 9 31 10 28

P.6
1 3618 2 4263 3 3530 4 2703 5 2008
6 1618 7 1848 8 106 9 1624 10 2421
11 2024 12 6327 13 814 14 1005 15 6349
16 1827 17 2128 18 1030 19 2124 20 820
21 1842 22 808 23 816 24 2030 25 1818
1 70 2 423 3 108 4 546 5 195
6 468 7 343 8 495 9 136 10 231

P.7
1 342 2 200 3 215 4 208 5 251
6 274 7 195 8 226 9 253 10 203
11 283 12 253 13 215 14 244 15 284
16 273 17 171 18 270 19 267 20 251
1 24 2 36 3 33 4 32 5 32
6 31 7 34 8 35 9 32 10 27

P.8
1 1005 2 3618 3 3645 4 1608 5 4048
6 4254 7 416 8 2121 9 5463 10 2703
11 208 12 2142 13 0 14 2004 15 5472
16 2442 17 5648 18 1509 19 4020 20 1816
1 252 2 616 3 65 4 203 5 88
6 369 7 185 8 552 9 260 10 170
11 536 12 238 13 58 14 48 15 234
16 171 17 336 18 294 19 335 20 306

P.9
1 ①1,70 ②1,92 ③1,97 ④1,92
2 ①2,144 ②2,304 ③1,168 ④3,272
3 ①312,2496 ②140,280
4 ①1200, 280, 24, 1504, 1200+280+24=1504
②4200, 180, 54, 4434, 4200+180+54=4434

P.10
1 360 2 3240 3 1740 4 3760 5 1040
6 880 7 3480 8 4410 9 3700 10 1160
11 2850 12 1530 13 3600 14 680 15 3420
16 1480 17 6570 18 2580 19 1280 20 2450
21 2760 22 3720 23 2550 24 4560 25 1860
1 291 2 0 3 335 4 312 5 119
6 152 7 294 8 616 9 747 10 198

P.11
1 223 2 290 3 274 4 242 5 233
6 353 7 275 8 307 9 275 10 178
11 325 12 210 13 137 14 231 15 320
16 224 17 326 18 261 19 231 20 242
1 38 2 36 3 38 4 35 5 33
6 39 7 32 8 37 9 31 10 31

P.12
1 2340 2 1050 3 2400 4 7440 5 3840
6 2240 7 740 8 990 9 6080 10 2490
11 2120 12 2300 13 1140 14 2010 15 700
16 3680 17 3420 18 1080 19 920 20 1680
21 1740 22 4200 23 5490 24 2880 25 2880
1 190 2 351 3 558 4 133 5 232
6 166 7 237 8 552 9 204 10 490

P.13
1 287 2 151 3 233 4 301 5 162
6 225 7 345 8 182 9 195 10 224
11 161 12 249 13 370 14 333 15 219
16 295 17 224 18 231 19 258 20 201
1 31 2 39 3 38 4 32 5 43
6 36 7 44 8 41 9 35 10 32

P.14
1 2660 2 4680 3 750 4 3600 5 3780
6 6480 7 540 8 640 9 4410 10 5250
11 2910 12 620 13 3840 14 2840 15 3150
16 4130 17 1360 18 1020 19 3880 20 2720
1 270 2 171 3 189 4 72 5 216
6 175 7 291 8 98 9 83 10 345
11 297 12 322 13 78 14 425 15 124
16 632 17 145 18 438 19 280 20 84

P.15
1 ①1,93 ②1,91 ③1,63 ④1,95 ⑤1,92 ⑥1,50
2 ①272 ②156 ③270 ④279 ⑤166 ⑥245
3 ①260,2340 ②240,960
4 ①3500, 280, 56, 3836, 3500+280+56=3836
②8100, 540, 9, 8649, 8100+540+9=8649

P.16
1) 16　2) 9　3) 15　4) 13　5) 17
6) 13　7) 15　8) 16　9) 11　10) 15
11) 79　12) 69　13) 39　14) 86　15) 59
16) 70　17) 80　18) 69　19) 50　20) 79

P.22
1) 19　2) 24　3) 10　4) 11　5) 14
6) 12　7) 19　8) 14　9) 17　10) 18
11) 43　12) 87　13) 72　14) 88　15) 81
16) 108　17) 51　18) 77　19) 122　20) 59

P.17
1) 34　2) 67　3) 28　4) 32　5) 28
6) 65　7) 76　8) 67　9) 71　10) 67
11) 165　12) 143　13) 136　14) 124　15) 95
16) 182　17) 133　18) 146　19) 151　20) 191
1) 34　2) 39　3) 29　4) 59　5) 69
6) 39　7) 59　8) 59　9) 79　10) 66

P.23
1) 100　2) 119　3) 63　4) 81　5) 62
6) 90　7) 127　8) 70　9) 70　10) 170
11) 74　12) 130　13) 145　14) 100　15) 55
16) 39　17) 80　18) 109　19) 60　20) 110
1) 104　2) 64　3) 71　4) 94　5) 54
6) 87　7) 94　8) 104　9) 64　10) 64

P.18
1) 2172　2) 764　3) 2490　4) 772　5) 1944
6) 2436　7) 698　8) 4112　9) 1640　10) 4362
11) 1988　12) 2802　13) 1072　14) 1351　15) 3292
16) 5472　17) 1096　18) 1296　19) 1281　20) 5392
21) 2674　22) 970　23) 7434　24) 1413　25) 1646
1) 480　2) 623　3) 189　4) 522　5) 54
6) 232　7) 292　8) 36　9) 564　10) 240

P.24
1) 2106　2) 1442　3) 546　4) 2880　5) 639
6) 2765　7) 4104　8) 508　9) 3924　10) 2958
11) 2016　12) 1868　13) 6344　14) 4155　15) 987
16) 1188　17) 3008　18) 5810　19) 870　20) 2295
21) 4473　22) 6576　23) 768　24) 890　25) 3234
1) 485　2) 91　3) 134　4) 792　5) 92
6) 138　7) 616　8) 492　9) 69　10) 85

P.19
1) 312　2) 154　3) 262　4) 151　5) 283
6) 245　7) 258　8) 215　9) 255　10) 154
11) 236　12) 224　13) 265　14) 294　15) 151
16) 257　17) 109　18) 238　19) 201　20) 223
1) 63　2) 49　3) 76　4) 79　5) 91
6) 97　7) 69　8) 92　9) 56　10) 39

P.25
1) 95　2) 281　3) 213　4) 109　5) 266
6) 147　7) 281　8) 119　9) 280　10) 109
11) 245　12) 119　13) 275　14) 144　15) 238
16) 164　17) 119　18) 265　19) 148　20) 254
1) 64　2) 66　3) 93　4) 39　5) 65
6) 81　7) 59　8) 78　9) 62　10) 52

P.20
1) 2373　2) 1302　3) 2380　4) 2133　5) 4992
6) 3432　7) 3615　8) 394　9) 2172　10) 3712
11) 2365　12) 2547　13) 1270　14) 1197　15) 842
16) 4602　17) 1340　18) 1062　19) 3470　20) 2928
1) 230　2) 84　3) 448　4) 171　5) 435
6) 134　7) 168　8) 324　9) 189　10) 272
11) 225　12) 396　13) 256　14) 126　15) 306
16) 336　17) 156　18) 485　19) 492　20) 666

P.26
1) 270　2) 3296　3) 2853　4) 6777　5) 3070
6) 2200　7) 2282　8) 3432　9) 816　10) 493
11) 1032　12) 4837　13) 2205　14) 2730　15) 823
16) 1976　17) 3303　18) 995　19) 1778　20) 1808
1) 74　2) 483　3) 490　4) 76　5) 0
6) 285　7) 128　8) 784　9) 78　10) 783
11) 306　12) 84　13) 632　14) 150　15) 158
16) 86　17) 312　18) 603　19) 364　20) 304

P.21
1 ①189　②1,61　③1,70　④129
2 ①2,564　②4,495　③3,152　④219
3 ①4530　②1624　③2724　④3663
4 ①10,53,54　②3,3,30　③1,1,21

P.27
1 ①1,91　②1,57　③1,90　④1,97
2 ①738　②366　③222　④192　⑤144　⑥240
3 ①2,3480　②2790　③2,2380　④1,3120
4 ①20,23,27　②3,3,23　③5,5,36

P.40
1) 8　2) 7　3) 9　4) 7　5) 8
6) 8　7) 9　8) 7　9) 9　10) 7
11) 79　12) 71　13) 77　14) 63　15) 87
16) 85　17) 89　18) 71　19) 73　20) 80

P.46
1) 14　2) 13　3) 4　4) 12　5) 2
6) 8　7) 12　8) 9　9) 18　10) 12
11) 57　12) 81　13) 94　14) 67　15) 70
16) 88　17) 88　18) 51　19) 86　20) 52

P.41
1) 135　2) 114　3) 88　4) 114　5) 113
6) 117　7) 155　8) 103　9) 108　10) 161
11) 108　12) 121　13) 155　14) 125　15) 77
16) 143　17) 184　18) 112　19) 128　20) 137
1) 47　2) 65　3) 44　4) 85　5) 63
6) 43　7) 82　8) 67　9) 55　10) 44

P.47
1) 108　2) 155　3) 119　4) 150　5) 69
6) 136　7) 94　8) 116　9) 122　10) 146
11) 87　12) 161　13) 59　14) 146　15) 69
16) 116　17) 92　18) 135　19) 109　20) 120
1) 56　2) 80　3) 74　4) 91　5) 57
6) 72　7) 73　8) 95　9) 52　10) 95

P.42
1) 501　2) 6118　3) 5886　4) 2784　5) 5445
6) 1648　7) 569　8) 3980　9) 5118　10) 1080
11) 872　12) 4535　13) 0　14) 4599　15) 5166
16) 834　17) 2735　18) 1424　19) 783　20) 6258
21) 1956　22) 4890　23) 4671　24) 4596　25) 5440
1) 136　2) 215　3) 225　4) 57　5) 623
6) 324　7) 186　8) 0　9) 603　10) 516

P.48
1) 6755　2) 572　3) 2274　4) 6776　5) 1970
6) 1742　7) 0　8) 6570　9) 2787　10) 4090
11) 904　12) 2175　13) 2344　14) 2960　15) 740
16) 4850　17) 5028　18) 375　19) 1771　20) 2936
21) 6075　22) 509　23) 0　24) 7776　25) 4575
1) 144　2) 480　3) 97　4) 56　5) 268
6) 240　7) 345　8) 371　9) 0　10) 544

P.43
1) 257　2) 88　3) 245　4) 69　5) 211
6) 124　7) 276　8) 87　9) 277　10) 146
11) 79　12) 225　13) 173　14) 220　15) 88
16) 254　17) 221　18) 286　19) 161　20) 276
1) 75　2) 45　3) 67　4) 75　5) 63
6) 65　7) 79　8) 87　9) 54　10) 63

P.49
1) 139　2) 274　3) 92　4) 305　5) 139
6) 263　7) 88　8) 215　9) 142　10) 272
11) 290　12) 151　13) 255　14) 129　15) 251
16) 88　17) 191　18) 122　19) 202　20) 89
1) 62　2) 83　3) 60　4) 75　5) 63
6) 102　7) 66　8) 118　9) 85　10) 117

P.44
1) 5769　2) 765　3) 468　4) 4011　5) 3440
6) 1968　7) 5208　8) 3060　9) 4672　10) 3115
11) 1214　12) 1192　13) 2340　14) 2628　15) 5348
16) 1686　17) 2048　18) 3474　19) 579　20) 0
1) 168　2) 415　3) 156　4) 0　5) 329
6) 224　7) 98　8) 153　9) 318　10) 222
11) 86　12) 68　13) 464　14) 175　15) 144
16) 392　17) 69　18) 282　19) 0　20) 333

P.50
1) 2013　2) 4265　3) 2876　4) 2673　5) 3766
6) 2430　7) 2250　8) 3816　9) 7767　10) 0
11) 1425　12) 1472　13) 3520　14) 6426　15) 6976
16) 0　17) 3114　18) 2802　19) 586　20) 2456
1) 180　2) 260　3) 105　4) 304　5) 531
6) 0　7) 623　8) 21　9) 170　10) 282
11) 105　12) 304　13) 837　14) 126　15) 712
16) 130　17) 116　18) 0　19) 441　20) 117

P.45
1 ①1,111 ②1,85 ③1,126 ④1,92
2 ①2,448 ②1,228 ③2,504 ④3,156
3 ①248 　②1,6,1533
③6,5,1496 　④3,2,1584
4 ①26,14,20,6,26 ②47,12,5,40,7,47 ③45,11,6,40,5,45

P.51
1 ①1,101 ②1,107 ③1,131 ④1,105
2 ①434 ②774 ③294 ④300 ⑤294 ⑥188
3 ①1,4,4920 ②3,4,2142
③2,2,1401 ④1,2,2980
4 ①14 ②32 ③2,10,19 ④5,10,37

P.52
1) 8　2) 7　3) 9　4) 6　5) 6
6) 7　7) 6　8) 9　9) 7　10) 7
11) 163　12) 77　13) 103　14) 154　15) 117
16) 175　17) 94　18) 155　19) 37　20) 181

P.53
1) 37　2) 120　3) 89　4) 123　5) 109
6) 142　7) 69　8) 162　9) 66　10) 84
11) 94　12) 89　13) 165　14) 39　15) 126
16) 87　17) 105　18) 86　19) 153　20) 88
1) 110　2) 74　3) 83　4) 77　5) 86
6) 93　7) 95　8) 81　9) 77　10) 62

P.54
1) 1557　2) 727　3) 984　4) 1708　5) 4655
6) 3267　7) 2460　8) 2700　9) 0　10) 6860
11) 2456　12) 3714　13) 1449　14) 672　15) 6648
16) 1406　17) 3976　18) 750　19) 1048　20) 3787
21) 819　22) 4935　23) 4050　24) 2429　25) 0
1) 140　2) 477　3) 180　4) 686　5) 48
6) 89　7) 296　8) 270　9) 544　10) 0

P.55
1) 68　2) 215　3) 166　4) 255　5) 89
6) 195　7) 27　8) 218　9) 180　10) 277
11) 274　12) 175　13) 252　14) 136　15) 288
16) 79　17) 252　18) 156　19) 264　20) 74
1) 66　2) 65　3) 58　4) 74　5) 85
6) 113　7) 58　8) 112　9) 124　10) 61

P.56
1) 2709　2) 1728　3) 3825　4) 3952　5) 5712
6) 567　7) 2912　8) 4296　9) 0　10) 652
11) 1351　12) 5220　13) 3605　14) 3752　15) 5814
16) 865　17) 2808　18) 0　19) 838　20) 3582
1) 20　2) 354　3) 135　4) 301　5) 600
6) 342　7) 87　8) 354　9) 686　10) 192
11) 324　12) 0　13) 768　14) 120　15) 83
16) 497　17) 24　18) 408　19) 220　20) 126

P.57
1 ①1,104　②1,100　③1,110　④1,114
2 ①4,608　②1,282　③1,492　④5,266
3 ①2,1,5052　②1,3692
　③3,7,5992　④3,2,3100
4 ①5,10,36　②6,10,28　③7,10,48　④24

P.58
1) 14　2) 7　3) 11　4) 11　5) 8
6) 11　7) 13　8) 7　9) 16　10) 8
11) 56　12) 92　13) 86　14) 140　15) 86
16) 107　17) 81　18) 80　19) 111　20) 77

P.59
1) 141　2) 101　3) 127　4) 91　5) 90
6) 93　7) 91　8) 71　9) 126　10) 131
11) 51　12) 136　13) 118　14) 157　15) 82
16) 121　17) 93　18) 111　19) 86　20) 83
1) 78　2) 76　3) 82　4) 52　5) 68
6) 107　7) 90　8) 51　9) 135　10) 92

P.60
1) 6678　2) 3496　3) 2223　4) 628　5) 4375
6) 1032　7) 1140　8) 1749　9) 1116　10) 3222
11) 3234　12) 0　13) 356　14) 3685　15) 5160
16) 2415　17) 1309　18) 753　19) 2136　20) 696
21) 2415　22) 3927　23) 0　24) 6471　25) 3752
1) 38　2) 368　3) 664　4) 444　5) 340
6) 114　7) 52　8) 630　9) 0　10) 581

P.61
1) 71　2) 186　3) 158　4) 266　5) 83
6) 255　7) 133　8) 180　9) 175　10) 183
11) 218　12) 91　13) 236　14) 136　15) 270
16) 141　17) 222　18) 143　19) 256　20) 93
1) 81　2) 75　3) 63　4) 66　5) 55
6) 90　7) 83　8) 82　9) 124　10) 121

P.62
1) 3990　2) 930　3) 6895　4) 774　5) 3012
6) 795　7) 2142　8) 2616　9) 912　10) 6312
11) 2247　12) 1278　13) 1260　14) 2556　15) 3960
16) 918　17) 4795　18) 5880　19) 2412　20) 4950
1) 200　2) 78　3) 204　4) 190　5) 315
6) 360　7) 414　8) 546　9) 196　10) 115
11) 312　12) 190　13) 438　14) 98　15) 138
16) 228　17) 330　18) 200　19) 385　20) 392

P.63
1 ①1,121　②1,123　③1,111　④1,115
2 ①168　②350　③224　④474
3 ①2,1,3794　②2,5,4434
　③7,6,4704　④3,3,716
4 ①5,10,29　②2,10,19　③3,10,17　④8,10,58

P.64
1 2934　2 5376　3 4990　4 2310　5 508
6 944　7 3616　8 1215　9 2190　10 6944
11 3661　12 1845　13 964　14 536　15 2325
16 5592　17 3395　18 1780　19 3770　20 2112
21 2430　22 2905　23 3206　24 7668　25 1956
1 414　2 384　3 375　4 70　5 100
6 665　7 408　8 93　9 624　10 243

P.65
1 115　2 79　3 143　4 88　5 111
6 72　7 135　8 79　9 113　10 94
11 69　12 131　13 84　14 144　15 82
16 134　17 89　18 101　19 42　20 116
1 117　2 59　3 91　4 59　5 66
6 92　7 89　8 88　9 74　10 84

P.66
1 1130　2 2670　3 2492　4 6498　5 7560
6 3408　7 212　8 1158　9 4590　10 2245
11 6201　12 6800　13 2592　14 6328　15 2890
16 3192　17 1890　18 4102　19 3950　20 5272
21 1548　22 4554　23 2032　24 1134　25 3033
1 608　2 114　3 570　4 395　5 176
6 196　7 552　8 534　9 54　10 469

P.67
1 136　2 112　3 94　4 59　5 138
6 115　7 88　8 117　9 84　10 125
11 105　12 114　13 148　14 73　15 112
16 89　17 134　18 89　19 117　20 94
1 108　2 102　3 74　4 121　5 74
6 88　7 89　8 79　9 81　10 109

P.68
1 2945　2 5625　3 2415　4 1768　5 654
6 714　7 1950　8 3810　9 2580　10 425
11 1990　12 3432　13 2676　14 3068　15 4960
16 2025　17 1240　18 428　19 4164　20 6048
1 602　2 468　3 160　4 276　5 680
6 360　7 38　8 204　9 75　10 792
11 220　12 425　13 156　14 270　15 88
16 186　17 250　18 144　19 74　20 679

P.69
1 ①1,113　②1,130　③1,114　④1,141
2 ①1,252　②5,126　③3,230　④3,486
3 ①5,3,4170　②3,4585
　③1,2,3304　④1,2,1074
4 ①5,10,39　②6,10,58
　③7,10,36　④8,10,65

P.70
1 89　2 263　3 74　4 215　5 145
6 190　7 118　8 254　9 94　10 212
11 267　12 157　13 225　14 132　15 201
16 104　17 267　18 113　19 202　20 112
1 90　2 65　3 103　4 59　5 77
6 70　7 103　8 81　9 81　10 89

P.71
1 436　2 4425　3 6392　4 4158　5 1350
6 1556　7 5040　8 1295　9 3804　10 461
11 832　12 2556　13 516　14 3720　15 540
16 859　17 2766　18 3342　19 4167　20 2712
1 116　2 176　3 621　4 490　5 152
6 224　7 18　8 225　9 270　10 0
11 308　12 468　13 178　14 195　15 455
16 360　17 207　18 64　19 28　20 207

P.72
1 193　2 223　3 262　4 110　5 301
6 93　7 271　8 131　9 253　10 124
11 103　12 255　13 67　14 301　15 152
16 285　17 108　18 305　19 139　20 255
1 65　2 83　3 83　4 58　5 104
6 62　7 81　8 72　9 100　10 64

P.73
1 4496　2 2230　3 776　4 2260　5 1392
6 6228　7 4123　8 2961　9 741　10 0
11 159　12 1071　13 3828　14 4554　15 3420
16 4374　17 2478　18 1224　19 518　20 5712
1 623　2 207　3 225　4 260　5 276
6 472　7 30　8 78　9 48　10 0
11 300　12 516　13 504　14 53　15 126
16 50　17 126　18 483　19 752　20 410

P.74
1 84　2 213　3 133　4 232　5 64
6 265　7 94　8 243　9 81　10 226
11 182　12 140　13 202　14 144　15 205
16 144　17 285　18 137　19 202　20 87
1 74　2 55　3 87　4 104　5 67
6 94　7 101　8 63　9 121　10 82

P.75
1 4210　2 2232　3 7616　4 5046　5 592
6 1926　7 3321　8 258　9 7668　10 3705
11 2499　12 5232　13 4770　14 1082　15 630
16 5448　17 3360　18 7200　19 3290　20 1578
1 161　2 504　3 712　4 72　5 546
6 310　7 240　8 336　9 29　10 156
11 188　12 522　13 340　14 140　15 52
16 153　17 17　18 216　19 296　20 344

덧셈이나 곱셈으로 해 보세요.

예시 ▶ 아이 수준에 맞게 + 나 ×로 선택하세요.

×	0	1	2	3	4	5	6	7	8	9
7	0	07	14	21	28	35	42	49	56	63

▶ 한 자리, 두 자리, 세 자리... 중 아이의 수준에 맞게 선생님이 숫자를 넣어 사용하세요.

걸린 시간 (분   초)

	1	8	5	9	0	3	7	4	2	6

	6	2	4	7	3	9	0	1	5	8

	4	2	7	9	3	0	8	5	6	1

	8	3	5	1	7	2	0	4	9	6

	2	9	6	4	7	8	5	3	1	0

	7	2	4	9	5	1	6	0	3	8

	4	8	3	0	2	9	5	1	6	7

	9	5	7	8	1	0	3	6	2	4

· 주 · 판 · 으 · 로 · 배 · 우 · 는 · 암 · 산 · 수 · 학 ·

EQ를 올리는 매직셈

⭐ 2단~9단 곱셈연습

⭐ 곱셈구구하기

⭐ 두 자리 수×한 자리 수

⭐ 한 자리 · 두 자리 수 4행 혼합 덧셈

⭐ 두 자리 수 4 · 5행 덧셈

⭐ 두 자리 수 5행 덧 · 뺄셈

🌐 세광m

주산식 암산수학
- 호산 및 플래시학습 훈련 학습장

칭찬 1
칭찬 2
칭찬 3
칭찬 4
칭찬 5
칭찬 6
칭찬 7
칭찬 8
칭찬 9
칭찬 10
칭찬 11
칭찬 12
칭찬 13
칭찬 14
칭찬 15
칭찬 16
칭찬 17
칭찬 18
칭찬 19
칭찬 20
칭찬 21
칭찬 22
칭찬 23
칭찬 24
칭찬 25
칭찬 26
칭찬 27
칭찬 28
칭찬 29
칭찬 30
칭찬 31
칭찬 32

1	1	1	1
2	2	2	2
3	3	3	3
4	4	4	4
5	5	5	5
6	6	6	6
7	7	7	7
8	8	8	8
9	9	9	9
10	10	10	10

1	1	1	1
2	2	2	2
3	3	3	3
4	4	4	4
5	5	5	5
6	6	6	6
7	7	7	7
8	8	8	8
9	9	9	9
10	10	10	10

EQ를 **올**리는 매직셈

3

세광m

곱셈구구를 하여 답을 쓰세요.

×	0	1	2	3	4	5	6	7	8	9
2										

×	3	5	1	0	8	9	7	6	4	2
4										

×	7	2	9	8	3	4	1	6	0	5
6										

×	3	2	8	5	4	7	9	0	1	6
8										

×	4	2	8	9	5	7	6	1	0	3
5										

×	6	0	9	2	7	8	3	4	1	5
3										

×	3	6	7	0	2	8	5	1	4	9
7										

×	4	3	2	8	1	9	0	6	7	5
9										

2의 단 곱셈구구의 원리

×	0	1	2	3	4	5	6	7	8	9
2	00	02	04	06	08	10	12	14	16	18

+2 +2 +2 +2 +2 +2 +2 +2 +2

⭐ 위와 같이 2의 단 곱셈구구에서는 답이 2씩 커집니다.
2의 단은 2를 거듭 더해가는 것을 말합니다.

2씩 거듭 더하기	2의 단	답
2	2×1	
2+2	2×2	
2+2+2	2×3	
2+2+2+2	2×4	
2+2+2+2+2	2×5	
2+2+2+2+2+2	2×6	
2+2+2+2+2+2+2	2×7	
2+2+2+2+2+2+2+2	2×8	
2+2+2+2+2+2+2+2+2	2×9	
2+2+2+2+2+2+2+2+2+2	2×10	

2×8 ➡ 2+2+2+2+2+2+2+□

2×4 ➡ 2+2+2+□

2×9 ➡ 2+2+2+2+2+2+2+2+□

2×6 ➡ 2+2+2+2+2+□

2×3 ➡ 2+2+□

2×7 ➡ 2+2+2+2+2+2+□

2+2+2+2+2+2+2 ➡ 2×6+□

2+2+2+2 ➡ 2×3+□

2+2 ➡ 2×□+□

2+2+2+2+2+2 ➡ 2×5+□

2+2+2+2+2 ➡ 2×4+□

2+2+2+2+2+2+2 ➡ 2×6+□+□

⭐ 2단 구구 답을 쓰세요.

1	11 × 2 = ,	16	16 × 2 = ,
2	12 × 2 = ,	17	28 × 2 = ,
3	23 × 2 = ,	18	44 × 2 = ,
4	34 × 2 = ,	19	56 × 2 = ,
5	45 × 2 = ,	20	22 × 2 = ,
6	56 × 2 = ,	21	46 × 2 = ,
7	67 × 2 = ,	22	63 × 2 = ,
8	78 × 2 = ,	23	84 × 2 = ,
9	89 × 2 = ,	24	26 × 2 = ,
10	90 × 2 = ,	25	64 × 2 = ,
11	43 × 2 = ,	26	87 × 2 = ,
12	85 × 2 = ,	27	72 × 2 = ,
13	38 × 2 = ,	28	41 × 2 = ,
14	42 × 2 = ,	29	34 × 2 = ,
15	54 × 2 = ,	30	82 × 2 = ,

⭐ 주판으로 해 보세요.

1	2	3	4	5	6	7	8	9	10
19	58	32	9	48	43	46	32	38	25
6	1	45	25	3	5	4	42	10	17
73	40	8	27	46	50	29	7	26	32

곱셈 연습 방법

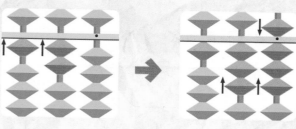

$$① \quad ②$$
$$69 \times 2 = 12, 18$$

$$② \quad ①② $$
$$2 \times 69 = 12, 18$$

⭐ 두 자리의 숫자를 읽어보세요. 먼저 읽은 수를 먼저 곱합니다.

⭐ 주판으로 해 보세요.

1	87 × 2 = ,	
2	76 × 2 = ,	
3	98 × 2 = ,	
4	39 × 2 = ,	
5	89 × 2 = ,	
6	48 × 2 = ,	
7	67 × 2 = ,	
8	65 × 2 = ,	
9	2 × 99 = ,	
10	2 × 58 = ,	
11	2 × 64 = ,	
12	2 × 85 = ,	
13	2 × 57 = ,	
14	2 × 95 = ,	
15	2 × 77 = ,	
16	2 × 55 = ,	

⑰
$$\begin{array}{r} 6\ 7 \\ \times\ \ 2 \\ \hline \end{array}$$

⑱
$$\begin{array}{r} 9\ 6 \\ \times\ \ 2 \\ \hline \end{array}$$

⑲
$$\begin{array}{r} 6\ 6 \\ \times\ \ 2 \\ \hline \end{array}$$

⑳
$$\begin{array}{r} 7\ 8 \\ \times\ \ 2 \\ \hline \end{array}$$

㉑
$$\begin{array}{r} 6\ 9 \\ \times\ \ 2 \\ \hline \end{array}$$

㉒
$$\begin{array}{r} 5\ 4 \\ \times\ \ 2 \\ \hline \end{array}$$

⭐ 주판으로 해 보세요.

1	25 × 2 =		11	2 × 95 =
2	37 × 2 =		12	2 × 71 =
3	17 × 2 =		13	2 × 53 =
4	48 × 2 =		14	2 × 84 =
5	29 × 2 =		15	2 × 62 =
6	26 × 2 =		16	2 × 74 =
7	45 × 2 =		17	2 × 51 =
8	38 × 2 =		18	2 × 73 =
9	18 × 2 =		19	2 × 64 =
10	23 × 2 =		20	2 × 97 =

⭐ 주판이나 암산으로 해 보세요.

1	27 × 2 =		11	2 × 93 =
2	74 × 2 =		12	2 × 68 =
3	96 × 2 =		13	2 × 47 =
4	85 × 2 =		14	2 × 28 =
5	39 × 2 =		15	2 × 92 =
6	41 × 2 =		16	2 × 81 =
7	57 × 2 =		17	2 × 58 =
8	64 × 2 =		18	2 × 24 =
9	71 × 2 =		19	2 × 33 =
10	88 × 2 =		20	2 × 46 =

⭐ 주판으로 해 보세요.

	1	2	3	4	5	6	7	8	9	10
	52	62	57	13	47	64	13	25	19	18
	3	7	43	76	8	55	7	96	59	52
	74	21	9	4	52	9	48	35	6	6
	7	15	46	25	9	50	70	7	31	47

	11	12	13	14	15	16	17	18	19	20
	72	28	92	41	98	42	36	58	61	92
	12	73	14	37	60	9	3	21	15	8
	40	14	5	6	15	56	11	9	9	16
	8	35	67	19	4	7	79	26	24	5

⭐ 암산으로 해 보세요.

	1	2	3	4	5	6	7	8	9	10
	4	6	7	6	7	4	3	5	9	8
	9	7	3	3	8	5	7	6	9	2
	7	5	9	4	2	9	8	5	6	6
	2	9	6	5	9	7	4	7	1	7

⭐ 주판으로 해 보세요.

1	2 × 57 =
2	2 × 31 =
3	2 × 72 =
4	2 × 33 =
5	2 × 59 =
6	2 × 47 =
7	2 × 64 =
8	2 × 53 =
9	2 × 23 =
10	2 × 99 =

11	78 × 2 =
12	87 × 2 =
13	46 × 2 =
14	58 × 2 =
15	77 × 2 =
16	36 × 2 =
17	92 × 2 =
18	34 × 2 =
19	26 × 2 =
20	51 × 2 =

⭐ 주판이나 암산으로 해 보세요.

1	2 × 74 =
2	2 × 82 =
3	2 × 72 =
4	2 × 37 =
5	2 × 48 =
6	2 × 22 =
7	2 × 84 =
8	2 × 68 =
9	2 × 39 =
10	2 × 18 =

11	66 × 2 =
12	94 × 2 =
13	79 × 2 =
14	29 × 2 =
15	96 × 2 =
16	45 × 2 =
17	16 × 2 =
18	81 × 2 =
19	75 × 2 =
20	25 × 2 =

연산학습

Q 1 계산을 하시오.

①
```
  1 3
+ 4 2
```

②
```
  4 2
+ 4 7
```

③
```
  □
  5 8
+ 2 7
```

④
```
  □
  3 6
+ 4 6
```

Q 2 □안에 알맞은 수를 써넣으시오.

① 29×2 — $\begin{cases} 20 \times 2 = \boxed{} \\ 9 \times 2 = \boxed{} \end{cases}$ $\boxed{}$

② 56×2 — $\begin{cases} 50 \times 2 = \boxed{} \\ 6 \times 2 = \boxed{} \end{cases}$ $\boxed{}$

Q 3 계산을 하시오.

①
```
  3 1
×   2
```

②
```
  4 2
×   2
```

③
```
  2 3
×   2
```

④
```
  1 3
×   2
```

Q 4 빈칸에 알맞은 수를 써넣으시오.

①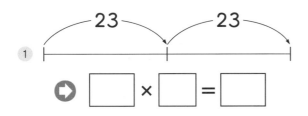
➡ $\boxed{} \times \boxed{} = \boxed{}$

②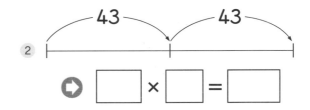
➡ $\boxed{} \times \boxed{} = \boxed{}$

③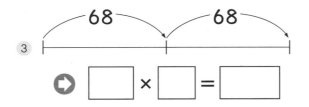
➡ $\boxed{} \times \boxed{} = \boxed{}$

④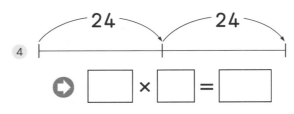
➡ $\boxed{} \times \boxed{} = \boxed{}$

3의 단 곱셈구구의 원리

×	0	1	2	3	4	5	6	7	8	9
3	00	03	06	09	12	15	18	21	24	27

+3 +3 +3 +3 +3 +3 +3 +3 +3

⭐ 위와 같이 3의 단 곱셈구구에서는 답이 3씩 커집니다.
3의 단은 3을 거듭 더해가는 것을 말합니다.

3씩 거듭 더하기	3의 단	답
3	3×1	
3+3	3×2	
3+3+3	3×3	
3+3+3+3	3×4	
3+3+3+3+3	3×5	
3+3+3+3+3+3	3×6	
3+3+3+3+3+3+3	3×7	
3+3+3+3+3+3+3+3	3×8	
3+3+3+3+3+3+3+3+3	3×9	
3+3+3+3+3+3+3+3+3+3	3×10	

⭐ 주판으로 해 보세요.

1	2	3	4	5	6	7	8	9	10
72	38	90	45	82	92	69	70	93	32
3	8	9	7	1	31	6	39	13	74
45	56	27	67	34	3	34	9	5	1

올셈 3단계

⭐ 주판으로 해 보세요.

1	19 × 3 = ,	
2	45 × 3 = ,	
3	29 × 3 = ,	
4	28 × 3 = ,	
5	24 × 3 = ,	
6	47 × 3 = ,	
7	35 × 3 = ,	
8	18 × 3 = ,	
9	49 × 3 = ,	
10	26 × 3 = ,	
11	3 × 38 = ,	
12	3 × 17 = ,	
13	3 × 34 = ,	
14	3 × 44 = ,	
15	3 × 25 = ,	
16	3 × 37 = ,	
17	3 × 52 = ,	
18	3 × 48 = ,	
19	3 × 15 = ,	
20	3 × 36 = ,	

㉑
$$\begin{array}{r} 82 \\ \times\ 3 \\ \hline \end{array}$$

㉒
$$\begin{array}{r} 74 \\ \times\ 3 \\ \hline \end{array}$$

㉓
$$\begin{array}{r} 93 \\ \times\ 3 \\ \hline \end{array}$$

㉔
$$\begin{array}{r} 61 \\ \times\ 3 \\ \hline \end{array}$$

㉕
$$\begin{array}{r} 94 \\ \times\ 3 \\ \hline \end{array}$$

㉖
$$\begin{array}{r} 72 \\ \times\ 3 \\ \hline \end{array}$$

㉗
$$\begin{array}{r} 51 \\ \times\ 3 \\ \hline \end{array}$$

1	97 × 3 =
2	59 × 3 =
3	79 × 3 =
4	68 × 3 =
5	98 × 3 =
6	64 × 3 =
7	77 × 3 =
8	88 × 3 =
9	58 × 3 =
10	85 × 3 =

11	3 × 55 =
12	3 × 67 =
13	3 × 56 =
14	3 × 66 =
15	3 × 78 =
16	3 × 69 =
17	3 × 57 =
18	3 × 87 =
19	3 × 75 =
20	3 × 89 =

★ 주판이나 암산으로 해 보세요.

1	37 × 3 =
2	65 × 3 =
3	28 × 3 =
4	47 × 3 =
5	29 × 3 =
6	91 × 3 =
7	63 × 3 =
8	45 × 3 =
9	82 × 3 =
10	71 × 3 =

11	3 × 84 =
12	3 × 13 =
13	3 × 76 =
14	3 × 94 =
15	3 × 25 =
16	3 × 83 =
17	3 × 49 =
18	3 × 96 =
19	3 × 39 =
20	3 × 74 =

⭐ 주판으로 해 보세요.

1	2	3	4	5	6	7	8	9	10
87	51	82	56	58	86	80	68	93	35
5	4	43	4	23	23	51	24	2	13
30	39	7	94	8	9	6	1	10	3
21	23	35	12	60	26	12	46	22	79

11	12	13	14	15	16	17	18	19	20
64	9	27	38	55	31	28	97	13	21
12	75	48	70	37	25	4	41	95	65
5	32	5	2	4	9	62	5	13	40
53	8	36	11	32	76	14	10	7	8

⭐ 암산으로 해 보세요.

1	2	3	4	5	6	7	8	9	10
7	9	4	8	7	2	8	5	7	8
5	5	3	9	3	8	7	9	5	4
4	8	8	6	5	3	2	6	6	9
3	7	2	2	8	4	5	7	6	3

⭐ 주판으로 해 보세요.

1	3 × 35 =
2	3 × 97 =
3	3 × 71 =
4	3 × 83 =
5	3 × 69 =
6	3 × 46 =
7	3 × 74 =
8	3 × 26 =
9	3 × 38 =
10	3 × 96 =

11	86 × 3 =
12	28 × 3 =
13	65 × 3 =
14	54 × 3 =
15	92 × 3 =
16	49 × 3 =
17	57 × 3 =
18	82 × 3 =
19	30 × 3 =
20	78 × 3 =

⭐ 주판이나 암산으로 해 보세요.

1	3 × 67 =
2	3 × 98 =
3	3 × 95 =
4	3 × 19 =
5	3 × 89 =
6	3 × 76 =
7	3 × 18 =
8	3 × 29 =
9	3 × 43 =
10	3 × 52 =

11	25 × 3 =
12	34 × 3 =
13	66 × 3 =
14	94 × 3 =
15	84 × 3 =
16	50 × 3 =
17	47 × 3 =
18	21 × 3 =
19	63 × 3 =
20	81 × 3 =

연산학습

Q 1 계산을 하시오.

①
```
   4 3
 + 3 3
```

②
```
   3 4
 + 3 5
```

③
```
   □
   5 4
 + 1 6
```

④
```
   □
   6 5
 + 2 7
```

Q 2 □ 안에 알맞은 수를 써넣으시오.

① 32×3
$$30 \times 3 = \boxed{}$$
$$2 \times 3 = \boxed{}$$
$$\boxed{}$$

② 31×3
$$30 \times 3 = \boxed{}$$
$$1 \times 3 = \boxed{}$$
$$\boxed{}$$

Q 3 계산을 하시오.

①
```
   3 1
 ×   3
```

②
```
   2 2
 ×   3
```

③
```
   3 3
 ×   3
```

④
```
   1 2
 ×   3
```

Q 4 빈칸에 알맞은 수를 써넣으시오.

① 46 → 46 → 46 →
➡ □ × □ = □

② 37 → 37 → 37 →
➡ □ × □ = □

③ 69 → 69 → 69 →
➡ □ × □ = □

④ 24 → 24 → 24 →
➡ □ × □ = □

 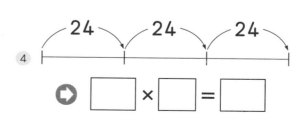

4의 단 곱셈구구의 원리

×	0	1	2	3	4	5	6	7	8	9
4	00	04	08	12	16	20	24	28	32	36

+4 +4 +4 +4 +4 +4 +4 +4 +4

⭐ 위와 같이 4의 단 곱셈구구에서는 답이 4씩 커집니다.
4의 단은 4를 거듭 더해가는 것을 말합니다.

4씩 거듭 더하기	4의 단	답
4	4 × 1	
4 + 4	4 × 2	
4 + 4 + 4	4 × 3	
4 + 4 + 4 + 4	4 × 4	
4 + 4 + 4 + 4 + 4	4 × 5	
4 + 4 + 4 + 4 + 4 + 4	4 × 6	
4 + 4 + 4 + 4 + 4 + 4 + 4	4 × 7	
4 + 4 + 4 + 4 + 4 + 4 + 4 + 4	4 × 8	
4 + 4 + 4 + 4 + 4 + 4 + 4 + 4 + 4	4 × 9	
4 + 4 + 4 + 4 + 4 + 4 + 4 + 4 + 4 + 4	4 × 10	

⭐ 주판으로 해 보세요.

1	2	3	4	5	6	7	8	9	10
54	42	35	96	25	63	57	74	48	81
31	14	46	35	80	46	35	29	31	42
76	49	86	27	45	17	15	11	53	26

 주판으로 해 보세요.

1	54 × 4 = ,	
2	82 × 4 = ,	
3	29 × 4 = ,	
4	99 × 4 = ,	
5	34 × 4 = ,	
6	56 × 4 = ,	
7	42 × 4 = ,	
8	62 × 4 = ,	
9	83 × 4 = ,	
10	74 × 4 = ,	
11	4 × 19 = ,	
12	4 × 58 = ,	
13	4 × 36 = ,	
14	4 × 27 = ,	
15	4 × 75 = ,	
16	4 × 48 = ,	
17	4 × 52 = ,	
18	4 × 76 = ,	
19	4 × 85 = ,	
20	4 × 47 = ,	

㉑
$$\begin{array}{r} 3\ 7 \\ \times\ \ \ 4 \\ \hline \end{array}$$

㉒
$$\begin{array}{r} 4\ 3 \\ \times\ \ \ 4 \\ \hline \end{array}$$

㉓
$$\begin{array}{r} 5\ 1 \\ \times\ \ \ 4 \\ \hline \end{array}$$

㉔
$$\begin{array}{r} 9\ 4 \\ \times\ \ \ 4 \\ \hline \end{array}$$

㉕
$$\begin{array}{r} 6\ 0 \\ \times\ \ \ 4 \\ \hline \end{array}$$

㉖
$$\begin{array}{r} 8\ 4 \\ \times\ \ \ 4 \\ \hline \end{array}$$

㉗
$$\begin{array}{r} 6\ 3 \\ \times\ \ \ 4 \\ \hline \end{array}$$

⭐ 주판으로 해 보세요.

1	45 × 4 =
2	76 × 4 =
3	54 × 4 =
4	67 × 4 =
5	98 × 4 =
6	86 × 4 =
7	79 × 4 =
8	94 × 4 =
9	53 × 4 =
10	68 × 4 =

11	4 × 87 =
12	4 × 93 =
13	4 × 74 =
14	4 × 65 =
15	4 × 95 =
16	4 × 83 =
17	4 × 56 =
18	4 × 75 =
19	4 × 47 =
20	4 × 57 =

 주판이나 암산으로 해 보세요.

1	92 × 4 =
2	37 × 4 =
3	18 × 4 =
4	55 × 4 =
5	46 × 4 =
6	42 × 4 =
7	85 × 4 =
8	72 × 4 =
9	36 × 4 =
10	84 × 4 =

11	4 × 29 =
12	4 × 64 =
13	4 × 77 =
14	4 × 63 =
15	4 × 97 =
16	4 × 49 =
17	4 × 58 =
18	4 × 38 =
19	4 × 48 =
20	4 × 27 =

올셈 3단계

⭐ 주판으로 해 보세요.

1	2	3	4	5	6	7	8	9	10
48	25	18	93	32	46	58	72	49	56
53	78	65	74	94	30	76	15	57	83
82	41	93	38	58	72	65	69	87	23
27	88	45	17	21	67	38	67	20	45

11	12	13	14	15	16	17	18	19	20
82	74	71	63	39	14	77	64	63	51
75	52	34	70	51	28	83	35	59	75
21	62	42	31	44	86	32	90	74	83
37	12	91	89	95	85	59	24	42	24

⭐ 암산으로 해 보세요.

1	2	3	4	5	6	7	8	9	10
9	4	5	4	3	6	7	1	8	5
6	5	3	7	8	3	8	6	2	4
3	8	7	2	5	4	6	8	3	2
2	4	4	3	1	2	5	0	4	3
3	8	2	6	4	7	3	9	6	7

⭐ 주판으로 해 보세요.

1	54 × 2 =		11	4 × 93 =
2	91 × 3 =		12	3 × 53 =
3	27 × 4 =		13	2 × 48 =
4	39 × 3 =		14	3 × 34 =
5	64 × 2 =		15	2 × 16 =
6	49 × 3 =		16	4 × 62 =
7	65 × 4 =		17	2 × 29 =
8	17 × 3 =		18	3 × 78 =
9	86 × 2 =		19	4 × 82 =
10	79 × 4 =		20	4 × 34 =

⭐ 주판이나 암산으로 해 보세요.

1	92 × 3 =		11	2 × 37 =
2	14 × 2 =		12	3 × 25 =
3	69 × 4 =		13	2 × 58 =
4	70 × 2 =		14	4 × 83 =
5	81 × 4 =		15	2 × 73 =
6	46 × 3 =		16	4 × 19 =
7	57 × 4 =		17	3 × 62 =
8	28 × 2 =		18	4 × 96 =
9	63 × 4 =		19	2 × 40 =
10	35 × 3 =		20	4 × 74 =

연산학습

올셈 3단계

Q 1 계산을 하시오.

1)
```
   3 2
 + 4 6
```

2)
```
   3 3
 + 2 3
```

3)
```
 □ 2 6
 + 2 6
```

4)
```
 □ 4 5
 + 1 6
```

Q 2 계산을 하시오.

1)
```
   4 5
 × □ 4
```

2)
```
   6 2
 ×   2
```

3)
```
   2 3
 × □ 4
```

4)
```
   8 6
 × □ 3
```

5)
```
   1 9
 × □ 3
```

6)
```
   6 6
 × □ 4
```

7)
```
   3 4
 × □ 3
```

8)
```
   5 7
 × □ 4
```

Q 3 빈칸에 알맞은 수를 써넣으시오.

1) ×4
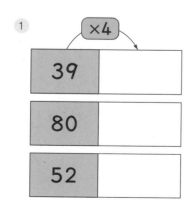

39	
80	
52	

2) ×3
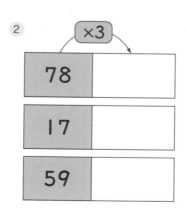

78	
17	
59	

3) ×4
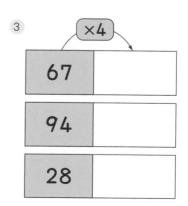

67	
94	
28	

5의 단 곱셈구구의 원리

×	0	1	2	3	4	5	6	7	8	9
5	00	05	10	15	20	25	30	35	40	45

+5 +5 +5 +5 +5 +5 +5 +5 +5

⭐ 위와 같이 5의 단 곱셈구구에서는 답이 5씩 커집니다.
5의 단은 5를 거듭 더해가는 것을 말합니다.

5씩 거듭 더하기	5의 단	답
5	5×1	
5+5	5×2	
5+5+5	5×3	
5+5+5+5	5×4	
5+5+5+5+5	5×5	
5+5+5+5+5+5	5×6	
5+5+5+5+5+5+5	5×7	
5+5+5+5+5+5+5+5	5×8	
5+5+5+5+5+5+5+5+5	5×9	
5+5+5+5+5+5+5+5+5+5	5×10	

⭐ 주판으로 해 보세요.

1	2	3	4	5	6	7	8	9	10
56	28	18	97	87	47	67	38	63	3
95	32	79	4	18	63	2	85	25	79
48	91	85	48	2	70	38	52	78	58
3	6	2	35	63	8	89	5	1	25

올셈 3단계

⭐ 주판으로 해 보세요.

1	74 × 5 =	,	
2	57 × 5 =	,	
3	62 × 5 =	,	
4	95 × 5 =	,	
5	28 × 5 =	,	
6	54 × 5 =	,	
7	87 × 5 =	,	
8	32 × 5 =	,	
9	64 × 5 =	,	
10	49 × 5 =	,	
11	5 × 25 =	,	
12	5 × 59 =	,	
13	5 × 96 =	,	
14	5 × 34 =	,	
15	5 × 67 =	,	
16	5 × 82 =	,	
17	5 × 35 =	,	
18	5 × 73 =	,	
19	5 × 42 =	,	
20	5 × 94 =	,	

㉑
$$\begin{array}{r} 29 \\ \times\ 5 \\ \hline \end{array}$$

㉒
$$\begin{array}{r} 47 \\ \times\ 5 \\ \hline \end{array}$$

㉓
$$\begin{array}{r} 92 \\ \times\ 5 \\ \hline \end{array}$$

㉔
$$\begin{array}{r} 45 \\ \times\ 5 \\ \hline \end{array}$$

㉕
$$\begin{array}{r} 76 \\ \times\ 5 \\ \hline \end{array}$$

㉖
$$\begin{array}{r} 63 \\ \times\ 5 \\ \hline \end{array}$$

㉗
$$\begin{array}{r} 56 \\ \times\ 5 \\ \hline \end{array}$$

★ 주판으로 해 보세요.

1	32 × 5 =
2	95 × 5 =
3	84 × 5 =
4	62 × 5 =
5	47 × 5 =
6	74 × 5 =
7	83 × 5 =
8	28 × 5 =
9	96 × 5 =
10	57 × 5 =

11	5 × 48 =
12	5 × 59 =
13	5 × 92 =
14	5 × 85 =
15	5 × 35 =
16	5 × 78 =
17	5 × 42 =
18	5 × 29 =
19	5 × 63 =
20	5 × 54 =

★ 주판이나 암산으로 해 보세요.

1	37 × 5 =
2	68 × 5 =
3	58 × 5 =
4	93 × 5 =
5	67 × 5 =
6	69 × 5 =
7	56 × 5 =
8	75 × 5 =
9	87 × 5 =
10	97 × 5 =

11	5 × 39 =
12	5 × 64 =
13	5 × 45 =
14	5 × 27 =
15	5 × 72 =
16	5 × 49 =
17	5 × 86 =
18	5 × 23 =
19	5 × 53 =
20	5 × 91 =

⭐ 주판으로 해 보세요.

1	2	3	4	5	6	7	8	9	10
57	64	85	16	24	68	79	47	83	54
47	52	79	95	83	92	64	53	49	85
93	89	68	89	92	71	83	75	93	73
32	24	46	53	48	87	55	91	44	66

11	12	13	14	15	16	17	18	19	20
72	91	44	87	38	72	86	68	52	82
69	85	78	56	41	94	67	73	67	76
96	79	67	98	92	27	57	78	97	84
31	52	76	65	84	63	74	52	92	68

⭐ 암산으로 해 보세요.

1	2	3	4	5	6	7	8	9	10
8	6	3	4	4	6	3	4	6	2
6	3	3	6	3	3	9	6	2	7
7	8	8	3	6	8	8	4	4	3
3	7	6	4	8	9	7	9	0	9
6	5	6	8	2	4	9	6	9	8

⭐ 주판으로 해 보세요.

1	36 × 2 =
2	95 × 3 =
3	76 × 4 =
4	46 × 3 =
5	85 × 2 =
6	59 × 3 =
7	84 × 4 =
8	32 × 3 =
9	64 × 2 =
10	83 × 4 =

11	4 × 59 =
12	3 × 87 =
13	2 × 62 =
14	3 × 43 =
15	2 × 39 =
16	4 × 92 =
17	2 × 56 =
18	3 × 73 =
19	4 × 49 =
20	3 × 86 =

⭐ 주판이나 암산으로 해 보세요.

1	85 × 3 =
2	49 × 2 =
3	37 × 4 =
4	75 × 5 =
5	62 × 4 =
6	97 × 3 =
7	25 × 5 =
8	82 × 2 =
9	42 × 4 =
10	69 × 3 =

11	2 × 54 =
12	3 × 26 =
13	5 × 79 =
14	4 × 94 =
15	2 × 38 =
16	4 × 73 =
17	3 × 46 =
18	5 × 57 =
19	2 × 93 =
20	4 × 28 =

올셈 3단계

연산학습

Q 1 계산을 하시오.

①
```
  4 3
+ 3 2
```

②
```
  □ 5 7
+   3 4
```

③
```
  □ 2 3
+   6 7
```

④
```
  □ 3 7
+   4 6
```

Q 2 계산을 하시오.

①
```
  6 8
× □ 5
```

②
```
  3 2
×   4
```

③
```
  5 4
× □ 5
```

④
```
  2 6
× □ 3
```

Q 3 □ 안에 알맞은 수를 써넣으시오.

① $74 \times 4 = (70 \times 4) + (\boxed{} \times 4)$
　　　$= \boxed{} + \boxed{}$
　　　$= \boxed{}$

② $67 \times 3 = (60 \times 3) + (\boxed{} \times 3)$
　　　$= \boxed{} + \boxed{}$
　　　$= \boxed{}$

Q 4 빈칸에 알맞은 수를 써넣으시오.

①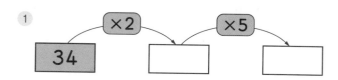

②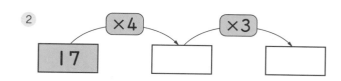

③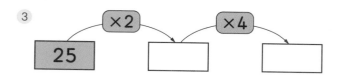

④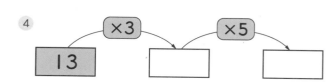

×	0	1	2	3	4	5	6	7	8	9
6	00	06	12	18	24	30	36	42	48	54

+6 +6 +6 +6 +6 +6 +6 +6 +6

⭐ 위와 같이 6의 단 곱셈구구에서는 답이 6씩 커집니다.
6의 단은 6을 거듭 더해가는 것을 말합니다.

6씩 거듭 더하기	6의 단	답
6	6×1	
6+6	6×2	
6+6+6	6×3	
6+6+6+6	6×4	
6+6+6+6+6	6×5	
6+6+6+6+6+6	6×6	
6+6+6+6+6+6+6	6×7	
6+6+6+6+6+6+6+6	6×8	
6+6+6+6+6+6+6+6+6	6×9	
6+6+6+6+6+6+6+6+6+6	6×10	

⭐ 주판으로 해 보세요.

1	2	3	4	5	6	7	8	9	10
85	4	68	3	77	49	99	36	68	67
48	78	55	93	6	76	58	27	24	73
89	63	8	26	56	95	33	9	88	34
6	97	69	94	85	5	6	75	9	2

★ 주판으로 해 보세요.

1	93 × 6 =	,	
2	46 × 6 =	,	
3	68 × 6 =	,	
4	35 × 6 =	,	
5	86 × 6 =	,	
6	73 × 6 =	,	
7	56 × 6 =	,	
8	98 × 6 =	,	
9	79 × 6 =	,	
10	38 × 6 =	,	
11	6 × 65 =	,	
12	6 × 49 =	,	
13	6 × 95 =	,	
14	6 × 59 =	,	
15	6 × 75 =	,	
16	6 × 53 =	,	
17	6 × 89 =	,	
18	6 × 78 =	,	
19	6 × 43 =	,	
20	6 × 67 =	,	

㉑
$$57 \times 6$$

㉒
$$87 \times 6$$

㉓
$$72 \times 6$$

㉔
$$36 \times 6$$

㉕
$$83 \times 6$$

㉖
$$45 \times 6$$

㉗
$$69 \times 6$$

⭐ 주판으로 해 보세요.

1	83 × 6 =
2	59 × 6 =
3	23 × 6 =
4	85 × 6 =
5	69 × 6 =
6	26 × 6 =
7	76 × 6 =
8	92 × 6 =
9	63 × 6 =
10	47 × 6 =

11	6 × 52 =
12	6 × 86 =
13	6 × 38 =
14	6 × 62 =
15	6 × 98 =
16	6 × 48 =
17	6 × 67 =
18	6 × 91 =
19	6 × 54 =
20	6 × 68 =

⭐ 주판이나 암산으로 해 보세요.

1	66 × 6 =
2	49 × 6 =
3	53 × 6 =
4	87 × 6 =
5	75 × 6 =
6	93 × 6 =
7	37 × 6 =
8	74 × 6 =
9	64 × 6 =
10	27 × 6 =

11	6 × 84 =
12	6 × 43 =
13	6 × 95 =
14	6 × 78 =
15	6 × 39 =
16	6 × 46 =
17	6 × 65 =
18	6 × 89 =
19	6 × 28 =
20	6 × 34 =

⭐ 주판으로 해 보세요.

1	2	3	4	5	6	7	8	9	10
78	34	56	72	62	95	76	96	82	96
54	72	65	38	37	81	88	49	75	73
99	58	34	67	54	28	19	58	56	57
36	87	87	95	19	71	36	28	98	64

11	12	13	14	15	16	17	18	19	20
74	94	16	28	95	38	65	43	84	29
39	47	85	59	39	69	89	59	42	42
86	58	92	86	64	93	58	42	52	54
61	91	35	69	87	70	35	71	56	78

⭐ 암산으로 해 보세요.

1	2	3	4	5	6	7	8	9	10
5	2	9	9	6	5	8	1	3	4
6	7	3	8	9	8	7	5	2	5
8	9	5	7	5	2	2	7	9	8
5	7	3	3	2	7	9	9	6	7
9	6	7	8	8	7	1	4	5	6

⭐ 주판으로 해 보세요.

1	82 × 2 =
2	59 × 3 =
3	75 × 4 =
4	34 × 5 =
5	54 × 2 =
6	93 × 3 =
7	79 × 6 =
8	37 × 3 =
9	62 × 5 =
10	95 × 4 =

11	6 × 56 =
12	3 × 89 =
13	2 × 67 =
14	5 × 76 =
15	6 × 47 =
16	4 × 83 =
17	6 × 48 =
18	3 × 64 =
19	5 × 97 =
20	2 × 45 =

⭐ 주판이나 암산으로 해 보세요.

1	47 × 3 =
2	63 × 2 =
3	86 × 4 =
4	58 × 5 =
5	75 × 6 =
6	83 × 3 =
7	42 × 5 =
8	69 × 2 =
9	52 × 4 =
10	89 × 6 =

11	2 × 39 =
12	3 × 67 =
13	5 × 78 =
14	4 × 95 =
15	6 × 46 =
16	4 × 92 =
17	3 × 35 =
18	5 × 57 =
19	2 × 28 =
20	6 × 74 =

연산학습

올셈 3단계

Q 1 계산을 하시오.

①
```
   4 3
 + 2 4
```

②
```
   3 4
 + 5 3
```

③
```
 □
   3 7
 + 2 8
```

④
```
 □
   4 1
 + 2 9
```

Q 2 □안에 알맞은 수를 써넣으시오.

① $35 \times 3 = (\boxed{} \times 3) + (\boxed{} \times 3)$

　　　　$= \boxed{} + \boxed{}$

　　　　$= \boxed{}$

② $64 \times 4 = (\boxed{} \times 4) + (\boxed{} \times 4)$

　　　　$= \boxed{} + \boxed{}$

　　　　$= \boxed{}$

Q 3 계산을 하시오.

①
```
   4 5
 × □ 6
```

②
```
   6 4
 × □ 6
```

③
```
   8 6
 × □ 6
```

④
```
   9 3
 × □ 6
```

Q 4 ◯안에 >, = , <를 알맞게 써넣으시오.

① 46×6 ◯ 308

② 92×3 ◯ 264

③ 67×2 ◯ 134

④ 31×6 ◯ 195

7의 단 곱셈구구의 원리

×	0	1	2	3	4	5	6	7	8	9
7	00	07	14	21	28	35	42	49	56	63

+7 +7 +7 +7 +7 +7 +7 +7 +7

⭐ 위와 같이 7의 단 곱셈구구에서는 답이 7씩 커집니다.
7의 단은 7을 거듭 더해가는 것을 말합니다.

7씩 거듭 더하기	7의 단	답
7	7×1	
7+7	7×2	
7+7+7	7×3	
7+7+7+7	7×4	
7+7+7+7+7	7×5	
7+7+7+7+7+7	7×6	
7+7+7+7+7+7+7	7×7	
7+7+7+7+7+7+7+7	7×8	
7+7+7+7+7+7+7+7+7	7×9	
7+7+7+7+7+7+7+7+7+7	7×10	

⭐ 주판으로 해 보세요.

1	2	3	4	5	6	7	8	9	10
48	69	49	59	37	85	81	45	27	84
26	43	85	27	48	91	97	18	74	54
17	17	12	30	59	27	56	23	28	87
95	85	23	48	67	46	24	93	59	48

⭐ 주판으로 해 보세요.

1	72 × 7 = ,	
2	39 × 7 = ,	
3	58 × 7 = ,	
4	76 × 7 = ,	
5	68 × 7 = ,	
6	84 × 7 = ,	
7	43 × 7 = ,	
8	82 × 7 = ,	
9	28 × 7 = ,	
10	34 × 7 = ,	
11	7 × 96 = ,	
12	7 × 54 = ,	
13	7 × 78 = ,	
14	7 × 93 = ,	
15	7 × 47 = ,	
16	7 × 63 = ,	
17	7 × 73 = ,	
18	7 × 88 = ,	
19	7 × 97 = ,	
20	7 × 52 = ,	

㉑
$$\begin{array}{r} 47 \\ \times\ 7 \\ \hline \end{array}$$

㉒
$$\begin{array}{r} 87 \\ \times\ 7 \\ \hline \end{array}$$

㉓
$$\begin{array}{r} 29 \\ \times\ 7 \\ \hline \end{array}$$

㉔
$$\begin{array}{r} 76 \\ \times\ 7 \\ \hline \end{array}$$

㉕
$$\begin{array}{r} 94 \\ \times\ 7 \\ \hline \end{array}$$

㉖
$$\begin{array}{r} 67 \\ \times\ 7 \\ \hline \end{array}$$

㉗
$$\begin{array}{r} 83 \\ \times\ 7 \\ \hline \end{array}$$

★ 주판으로 해 보세요.

1	35 × 7 =	11	7 × 54 =
2	77 × 7 =	12	7 × 83 =
3	52 × 7 =	13	7 × 39 =
4	91 × 7 =	14	7 × 42 =
5	63 × 7 =	15	7 × 94 =
6	46 × 7 =	16	7 × 56 =
7	78 × 7 =	17	7 × 72 =
8	98 × 7 =	18	7 × 86 =
9	59 × 7 =	19	7 × 64 =
10	37 × 7 =	20	7 × 58 =

★ 주판이나 암산으로 해 보세요.

1	67 × 7 =	11	7 × 95 =
2	93 × 7 =	12	7 × 87 =
3	26 × 7 =	13	7 × 76 =
4	75 × 7 =	14	7 × 65 =
5	84 × 7 =	15	7 × 53 =
6	73 × 7 =	16	7 × 48 =
7	49 × 7 =	17	7 × 62 =
8	57 × 7 =	18	7 × 29 =
9	38 × 7 =	19	7 × 82 =
10	96 × 7 =	20	7 × 19 =

⭐ 주판으로 해 보세요.

1	2	3	4	5	6	7	8	9	10
59	98	78	48	37	24	39	83	34	85
62	29	32	63	58	98	97	28	42	97
23	84	76	37	40	85	76	46	64	37
82	50	93	56	86	19	23	64	78	62

11	12	13	14	15	16	17	18	19	20
73	87	44	28	44	71	69	47	62	99
54	28	71	54	27	48	81	25	59	22
91	31	35	25	72	60	92	14	40	57
45	53	88	92	96	37	40	70	78	46

⭐ 암산으로 해 보세요.

1	2	3	4	5	6	7	8	9	10
9	9	5	3	8	8	3	6	4	4
3	7	6	9	9	2	7	3	5	9
6	4	4	5	7	6	5	5	9	7
2	7	7	2	6	2	2	9	8	6
8	8	5	7	2	3	8	2	7	7

★ 주판으로 해 보세요.

1	66 × 2 =
2	72 × 3 =
3	45 × 4 =
4	84 × 5 =
5	96 × 6 =
6	64 × 7 =
7	53 × 2 =
8	87 × 4 =
9	95 × 6 =
10	48 × 7 =

11	3 × 46 =
12	5 × 75 =
13	7 × 85 =
14	2 × 58 =
15	4 × 34 =
16	3 × 28 =
17	5 × 65 =
18	7 × 78 =
19	6 × 94 =
20	7 × 63 =

★ 주판이나 암산으로 해 보세요.

1	75 × 7 =
2	88 × 2 =
3	26 × 4 =
4	63 × 5 =
5	47 × 6 =
6	82 × 3 =
7	57 × 5 =
8	97 × 7 =
9	35 × 4 =
10	71 × 3 =

11	2 × 49 =
12	6 × 83 =
13	5 × 69 =
14	7 × 79 =
15	2 × 59 =
16	4 × 94 =
17	3 × 65 =
18	5 × 37 =
19	6 × 64 =
20	4 × 52 =

연산학습

Q 1 계산을 하시오.

① $\square 36$
$+24$

② $\square 36$
$+14$

③ $\square 35$
$+16$

④ $\square 33$
$+19$

Q 2 계산을 하시오.

① 36
$\times \square 7$

② 27
$\times \square 7$

③ 61
$\times 7$

④ 54
$\times \square 7$

Q 3 두 수의 곱을 빈칸에 써넣으시오.

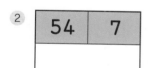

① | 3 | 26 |
|---|---|
| | |

② | 54 | 7 |
|---|---|
| | |

③ | 48 | 6 |
|---|---|
| | |

④ | 75 | 3 |
|---|---|
| | |

Q 4 ◯안에 >, =, <를 알맞게 써넣으시오.

① 39×3 ◯ 154

② 18×7 ◯ 120

③ 31×6 ◯ 189

④ 44×4 ◯ 156

8의 단 곱셈구구의 원리

×	0	1	2	3	4	5	6	7	8	9
8	00	08	16	24	32	40	48	56	64	72

+8 +8 +8 +8 +8 +8 +8 +8 +8

⭐ 위와 같이 8의 단 곱셈구구에서는 답이 8씩 커집니다.
8의 단은 8을 거듭 더해 나아가는 것을 말합니다.

8씩 거듭 더하기	8의 단	답
8	8×1	
8+8	8×2	
8+8+8	8×3	
8+8+8+8	8×4	
8+8+8+8+8	8×5	
8+8+8+8+8+8	8×6	
8+8+8+8+8+8+8	8×7	
8+8+8+8+8+8+8+8	8×8	
8+8+8+8+8+8+8+8+8	8×9	
8+8+8+8+8+8+8+8+8+8	8×10	

⭐ 주판으로 해 보세요.

1	2	3	4	5	6	7	8	9	10
98	62	28	37	57	61	87	45	85	97
90	15	59	60	96	95	45	17	67	16
21	37	70	58	42	43	98	29	13	52
21	78	86	49	37	82	56	94	76	80

주판으로 해 보세요.

1	47 × 8 = ,	
2	85 × 8 = ,	
3	37 × 8 = ,	
4	95 × 8 = ,	
5	56 × 8 = ,	
6	74 × 8 = ,	
7	62 × 8 = ,	
8	43 × 8 = ,	
9	24 × 8 = ,	
10	86 × 8 = ,	
11	8 × 72 = ,	
12	8 × 49 = ,	
13	8 × 65 = ,	
14	8 × 98 = ,	
15	8 × 34 = ,	
16	8 × 64 = ,	
17	8 × 75 = ,	
18	8 × 94 = ,	
19	8 × 25 = ,	
20	8 × 48 = ,	

㉑
$$\begin{array}{r} 5\ 8 \\ \times\ \ 8 \\ \hline \end{array}$$

㉒
$$\begin{array}{r} 7\ 4 \\ \times\ \ 8 \\ \hline \end{array}$$

㉓
$$\begin{array}{r} 3\ 6 \\ \times\ \ 8 \\ \hline \end{array}$$

㉔
$$\begin{array}{r} 6\ 4 \\ \times\ \ 8 \\ \hline \end{array}$$

㉕
$$\begin{array}{r} 8\ 7 \\ \times\ \ 8 \\ \hline \end{array}$$

㉖
$$\begin{array}{r} 2\ 6 \\ \times\ \ 8 \\ \hline \end{array}$$

㉗
$$\begin{array}{r} 4\ 9 \\ \times\ \ 8 \\ \hline \end{array}$$

⭐ 주판으로 해 보세요.

1	98 × 8 =
2	57 × 8 =
3	46 × 8 =
4	78 × 8 =
5	26 × 8 =
6	84 × 8 =
7	67 × 8 =
8	93 × 8 =
9	24 × 8 =
10	72 × 8 =

11	8 × 65 =
12	8 × 39 =
13	8 × 79 =
14	8 × 42 =
15	8 × 37 =
16	8 × 85 =
17	8 × 23 =
18	8 × 69 =
19	8 × 73 =
20	8 × 89 =

⭐ 주판이나 암산으로 해 보세요.

1	49 × 8 =
2	87 × 8 =
3	58 × 8 =
4	34 × 8 =
5	68 × 8 =
6	74 × 8 =
7	32 × 8 =
8	63 × 8 =
9	59 × 8 =
10	96 × 8 =

11	8 × 45 =
12	8 × 83 =
13	8 × 38 =
14	8 × 75 =
15	8 × 82 =
16	8 × 36 =
17	8 × 28 =
18	8 × 62 =
19	8 × 43 =
20	8 × 54 =

⭐ 주판으로 해 보세요.

1	2	3	4	5	6	7	8	9	10
53	92	86	63	47	83	58	84	64	73
89	48	83	51	76	79	46	36	89	92
77	64	12	97	68	88	77	73	37	69
15	26	28	74	51	17	65	52	56	27

11	12	13	14	15	16	17	18	19	20
77	43	76	47	74	27	95	48	92	15
95	78	22	95	86	45	29	74	87	59
56	46	97	53	23	69	32	62	45	86
61	57	34	39	92	83	58	56	73	71

⭐ 암산으로 해 보세요.

1	2	3	4	5	6	7	8	9	10
3	4	5	4	7	9	9	7	9	3
9	7	6	9	8	2	2	3	1	5
7	6	3	7	5	4	3	4	7	6
5	3	9	6	6	6	5	9	8	2
3	9	4	5	3	8	1	2	3	4

☆ 주판으로 해 보세요.

1	29 × 8 =
2	62 × 3 =
3	74 × 4 =
4	94 × 5 =
5	46 × 6 =
6	83 × 7 =
7	25 × 2 =
8	97 × 4 =
9	36 × 6 =
10	58 × 7 =

11	3 × 46 =
12	5 × 97 =
13	7 × 75 =
14	2 × 52 =
15	8 × 74 =
16	3 × 38 =
17	5 × 65 =
18	8 × 82 =
19	6 × 76 =
20	7 × 95 =

☆ 주판이나 암산으로 해 보세요.

1	78 × 7 =
2	88 × 2 =
3	26 × 4 =
4	63 × 5 =
5	47 × 6 =
6	82 × 3 =
7	57 × 5 =
8	97 × 8 =
9	35 × 4 =
10	71 × 3 =

11	2 × 49 =
12	6 × 83 =
13	5 × 69 =
14	7 × 79 =
15	2 × 59 =
16	4 × 94 =
17	3 × 65 =
18	5 × 37 =
19	6 × 64 =
20	4 × 52 =

연산학습

Q 1 계산을 하시오.

①
```
  34
+ 21
```

②
```
  44
+ 42
```

③
```
 □43
+ 17
```

④
```
 □77
+ 17
```

Q 2 계산을 하시오.

①
```
  53
× □8
```

②
```
  76
× □3
```

③
```
  88
× □2
```

④
```
  24
× □8
```

⑤
```
  95
× □4
```

⑥
```
  33
× □6
```

⑦
```
  46
× □8
```

⑧
```
  74
× □8
```

Q 3 두 수의 곱을 빈칸에 써넣으시오.

①
5	19

②
4	35

③
7	48

Q 4 빈칸에 알맞은 수를 써넣으시오.

①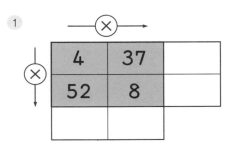

②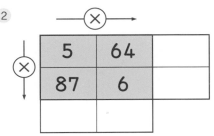

9의 단 곱셈구구의 원리

×	0	1	2	3	4	5	6	7	8	9
9	00	09	18	27	36	45	54	63	72	81

+9 +9 +9 +9 +9 +9 +9 +9 +9

⭐ 위와 같이 9의 단 곱셈구구에서는 답이 9씩 커집니다.
9의 단은 9를 거듭 더해가는 것을 말합니다.

9씩 거듭 더하기	9의 단	답
9	9×1	
9+9	9×2	
9+9+9	9×3	
9+9+9+9	9×4	
9+9+9+9+9	9×5	
9+9+9+9+9+9	9×6	
9+9+9+9+9+9+9	9×7	
9+9+9+9+9+9+9+9	9×8	
9+9+9+9+9+9+9+9+9	9×9	
9+9+9+9+9+9+9+9+9+9	9×10	

⭐ 주판으로 해 보세요.

1	2	3	4	5	6	7	8	9	10
94	46	31	73	84	75	36	82	78	38
67	83	79	40	46	64	28	41	89	81
52	79	45	39	68	32	93	58	34	47
39	57	95	62	37	48	82	63	65	58

⭐ 주판으로 해 보세요.

1	31 × 9 =	,	
2	65 × 9 =	,	
3	76 × 9 =	,	
4	97 × 9 =	,	
5	53 × 9 =	,	
6	80 × 9 =	,	
7	42 × 9 =	,	
8	19 × 9 =	,	
9	86 × 9 =	,	
10	25 × 9 =	,	
11	9 × 46 =	,	
12	9 × 41 =	,	
13	9 × 12 =	,	
14	9 × 56 =	,	
15	9 × 89 =	,	
16	9 × 34 =	,	
17	9 × 23 =	,	
18	9 × 98 =	,	
19	9 × 54 =	,	
20	9 × 87 =	,	

㉑
$$\begin{array}{r} 67 \\ \times\ 9 \\ \hline \end{array}$$

㉒
$$\begin{array}{r} 15 \\ \times\ 9 \\ \hline \end{array}$$

㉓
$$\begin{array}{r} 32 \\ \times\ 9 \\ \hline \end{array}$$

㉔
$$\begin{array}{r} 26 \\ \times\ 9 \\ \hline \end{array}$$

㉕
$$\begin{array}{r} 74 \\ \times\ 9 \\ \hline \end{array}$$

㉖
$$\begin{array}{r} 43 \\ \times\ 9 \\ \hline \end{array}$$

㉗
$$\begin{array}{r} 72 \\ \times\ 9 \\ \hline \end{array}$$

1	51 × 9 =
2	75 × 9 =
3	86 × 9 =
4	53 × 9 =
5	37 × 9 =
6	60 × 9 =
7	43 × 9 =
8	68 × 9 =
9	39 × 9 =
10	97 × 9 =

11	9 × 52 =
12	9 × 74 =
13	9 × 98 =
14	9 × 34 =
15	9 × 28 =
16	9 × 92 =
17	9 × 48 =
18	9 × 62 =
19	9 × 82 =
20	9 × 59 =

★ 주판이나 암산으로 해 보세요.

1	83 × 9 =
2	94 × 9 =
3	77 × 9 =
4	58 × 9 =
5	42 × 9 =
6	45 × 9 =
7	26 × 9 =
8	32 × 9 =
9	23 × 9 =
10	71 × 9 =

11	9 × 87 =
12	9 × 35 =
13	9 × 16 =
14	9 × 91 =
15	9 × 96 =
16	9 × 47 =
17	9 × 73 =
18	9 × 65 =
19	9 × 85 =
20	9 × 25 =

⭐ 주판으로 해 보세요.

1	2	3	4	5	6	7	8	9	10
89	59	97	47	42	38	55	46	62	98
37	66	31	73	96	24	67	37	41	22
47	54	64	28	85	67	89	64	76	57
29	13	89	96	52	58	42	19	68	42

11	12	13	14	15	16	17	18	19	20
76	96	54	74	80	95	69	91	92	87
32	88	62	29	79	39	15	86	63	83
87	69	28	63	91	94	77	59	56	38
31	13	74	41	68	38	34	37	75	74

⭐ 암산으로 해 보세요.

1	2	3	4	5	6	7	8	9	10
8	9	9	8	8	5	9	2	7	8
9	8	2	5	7	4	4	5	6	9
5	7	9	4	9	7	9	7	8	6
3	6	4	9	6	6	8	4	6	7
4	4	5	3	5	4	1	9	9	2

⭐ 주판으로 해 보세요.

1	73 × 8 =	11	3 × 62 =
2	54 × 3 =	12	5 × 57 =
3	16 × 4 =	13	9 × 93 =
4	84 × 5 =	14	2 × 41 =
5	65 × 6 =	15	8 × 83 =
6	27 × 7 =	16	7 × 26 =
7	19 × 2 =	17	5 × 75 =
8	68 × 9 =	18	8 × 14 =
9	27 × 6 =	19	6 × 85 =
10	30 × 7 =	20	7 × 47 =

⭐ 주판이나 암산으로 해 보세요.

1	61 × 7 =	11	2 × 78 =
2	47 × 2 =	12	6 × 89 =
3	93 × 4 =	13	5 × 27 =
4	28 × 5 =	14	7 × 43 =
5	75 × 6 =	15	8 × 92 =
6	80 × 3 =	16	9 × 76 =
7	43 × 8 =	17	7 × 15 =
8	96 × 9 =	18	5 × 34 =
9	19 × 4 =	19	6 × 72 =
10	42 × 3 =	20	8 × 37 =

연 산 학 습

Q 1 계산을 하시오.

① ☐
  48
+ 2 3

② ☐
  75
+ 1 7

③ ☐
  24
+ 2 6

④ ☐
  36
+ 3 6

Q 2 계산을 하시오.

① 2 7
 × ☐ 9

② 5 3
 × ☐ 7

③ 8 4
 × ☐ 3

④ 1 9
 × ☐ 5

Q 3 빈칸에 알맞은 수를 써넣으시오.

① | 47 | ×9 | |

② | 35 | ×8 | |

③ | 95 | ×3 | |

Q 4 다음을 계산하여 같은 것끼리 선으로 이으시오.

36 × 7 ·   · 288

65 × 2 ·   · 130

72 × 4 ·   · 252

⭐ 주판으로 해 보세요.

1	37 × 6 =
2	74 × 2 =
3	96 × 3 =
4	53 × 4 =
5	27 × 5 =
6	36 × 9 =
7	80 × 8 =
8	48 × 1 =
9	65 × 7 =
10	99 × 0 =

11	7 × 25 =
12	3 × 67 =
13	8 × 46 =
14	6 × 98 =
15	9 × 86 =
16	2 × 43 =
17	4 × 37 =
18	5 × 33 =
19	2 × 79 =
20	8 × 89 =

⭐ 계산해 보세요.

①
$$31 \times 9$$

②
$$73 \times 4$$

③
$$42 \times 8$$

④
$$32 \times 6$$

⑤
$$29 \times 5$$

⑥
$$61 \times 8$$

⑦
$$35 \times 2$$

⑧
$$49 \times 3$$

⑨
$$64 \times 7$$

⑩
$$75 \times 9$$

⑪
$$34 \times 4$$

⑫
$$58 \times 6$$

⑬
$$13 \times 9$$

⑭
$$66 \times 2$$

⑮
$$29 \times 7$$

 주판으로 해 보세요.

1	2	3	4	5	6	7	8	9	10
27	91	47	87	15	75	44	68	57	27
49	54	65	51	87	37	31	53	64	76
78	38	73	-25	63	23	-70	33	29	85
-52	72	38	34	46	18	97	41	46	-33
63	86	79	85	54	47	38	86	32	57

11	12	13	14	15	16	17	18	19	20
48	85	56	62	57	79	21	63	28	43
27	19	37	83	13	57	54	84	83	59
56	47	-62	96	76	28	67	95	63	37
37	54	74	57	47	69	33	62	-71	58
64	38	89	25	57	-31	49	76	98	26

 암산으로 해 보세요.

1	2	3	4	5	6	7	8	9	10
6	9	4	4	8	1	7	9	1	3
5	7	2	7	9	4	8	4	5	9
4	6	9	9	3	6	6	8	7	7
3	3	8	7	5	8	4	7	8	9
4	8	3	2	8	7	5	8	9	6

⭐ 주판으로 해 보세요.

1	29 × 9 =
2	15 × 3 =
3	24 × 5 =
4	57 × 6 =
5	98 × 2 =
6	67 × 4 =
7	73 × 2 =
8	55 × 9 =
9	41 × 7 =
10	52 × 6 =

11	7 × 34 =
12	5 × 79 =
13	2 × 35 =
14	9 × 61 =
15	4 × 72 =
16	2 × 49 =
17	8 × 93 =
18	7 × 68 =
19	5 × 87 =
20	3 × 91 =

⭐ 주판이나 암산으로 해 보세요.

1	24 × 6 =
2	36 × 9 =
3	58 × 7 =
4	92 × 9 =
5	43 × 6 =
6	17 × 7 =
7	69 × 3 =
8	84 × 2 =
9	74 × 4 =
10	39 × 5 =

11	3 × 28 =
12	7 × 44 =
13	6 × 24 =
14	5 × 65 =
15	4 × 43 =
16	8 × 33 =
17	9 × 21 =
18	6 × 59 =
19	8 × 68 =
20	7 × 42 =

⭐ 주판으로 해 보세요.

	1	2	3	4	5	6	7	8	9	10
	89	59	97	47	42	38	55	46	62	98
	37	66	31	73	96	24	67	37	41	22
	47	54	64	28	85	67	89	64	76	57
	29	13	89	96	52	58	42	19	68	42
	30	28	24	87	59	23	23	32	73	45

	11	12	13	14	15	16	17	18	19	20
	76	96	54	74	80	95	69	91	92	87
	32	88	62	29	79	39	15	86	63	83
	87	69	28	63	91	94	77	59	56	38
	31	13	74	41	68	38	34	37	75	74
	45	47	18	52	57	16	92	62	53	46

⭐ 암산으로 해 보세요.

1. 4 + 7 + 9 + 5 + 8 =
2. 7 + 9 + 2 + 3 + 4 =
3. 6 + 7 + 8 + 4 + 6 =
4. 3 + 9 + 4 + 5 + 9 =
5. 2 + 4 + 7 + 8 + 5 =
6. 9 + 6 + 3 + 6 + 4 =
7. 5 + 8 + 3 + 4 + 8 =
8. 4 + 6 + 9 + 3 + 8 =
9. 8 + 9 + 3 + 6 + 7 =
10. 3 + 8 + 5 + 2 + 9 =

⭐ 주판으로 해 보세요.

1	54 × 8 =
2	72 × 2 =
3	46 × 9 =
4	31 × 8 =
5	26 × 7 =
6	62 × 3 =
7	41 × 8 =
8	35 × 9 =
9	37 × 6 =
10	43 × 2 =

11	9 × 67 =
12	3 × 46 =
13	8 × 35 =
14	9 × 84 =
15	5 × 37 =
16	7 × 63 =
17	5 × 21 =
18	6 × 38 =
19	3 × 47 =
20	4 × 52 =

⭐ 계산해 보세요.

① 84
  × 6
___

② 78
  × 4
___

③ 31
  × 2
___

④ 42
  × 3
___

⑤ 57
  × 9
___

⑥ 45
  × 3
___

⑦ 21
  × 6
___

⑧ 97
  × 5
___

⑨ 72
  × 2
___

⑩ 35
  × 7
___

⑪ 12
  × 6
___

⑫ 27
  × 7
___

⑬ 95
  × 3
___

⑭ 38
  × 4
___

⑮ 52
  × 9
___

⭐ 주판으로 해 보세요.

1	2	3	4	5	6	7	8	9	10
39	56	18	38	83	78	97	46	29	65
75	92	75	46	19	39	-42	53	38	83
27	-36	63	-52	57	24	53	38	83	-35
79	48	37	96	35	35	42	77	36	94
52	82	43	-15	20	61	89	34	87	43

11	12	13	14	15	16	17	18	19	20
41	83	65	73	23	97	34	17	58	26
46	18	27	14	56	-32	87	25	33	59
-35	24	58	38	-67	28	52	-11	44	38
78	57	33	25	48	59	30	49	27	62
34	63	67	42	37	63	42	56	18	76

⭐ 암산으로 해 보세요.

1	2	3	4	5	6	7	8	9	10
9	6	3	8	7	2	5	4	1	8
8	4	7	3	5	8	7	7	4	5
5	5	5	9	9	6	3	8	9	4
2	9	8	2	6	7	9	6	8	6
3	8	9	4	9	3	4	9	7	3
5	3	4	5	2	7	8	2	4	9

⭐ 주판으로 해 보세요.

1	45 × 5 =	11	7 × 56 =
2	23 × 8 =	12	2 × 79 =
3	13 × 7 =	13	5 × 34 =
4	65 × 3 =	14	9 × 95 =
5	19 × 2 =	15	8 × 71 =
6	38 × 7 =	16	4 × 36 =
7	54 × 4 =	17	3 × 62 =
8	33 × 9 =	18	9 × 45 =
9	89 × 3 =	19	7 × 29 =
10	69 × 4 =	20	4 × 31 =

⭐ 계산해 보세요.

1) 72
  × 2

2) 34
  × 7

3) 25
  × 1

4) 62
  × 4

5) 55
  × 9

6) 29
  × 2

7) 86
  × 3

8) 54
  × 9

9) 35
  × 7

10) 84
  × 3

11) 32
  × 7

12) 76
  × 2

13) 78
  × 9

14) 43
  × 5

15) 31
  × 6

⭐ 주판으로 해 보세요.

1	45 × 1 =
2	72 × 5 =
3	97 × 6 =
4	13 × 4 =
5	76 × 3 =
6	46 × 7 =
7	61 × 5 =
8	37 × 9 =
9	44 × 2 =
10	92 × 6 =

11	0 × 78 =
12	5 × 31 =
13	4 × 57 =
14	3 × 62 =
15	2 × 45 =
16	9 × 24 =
17	6 × 38 =
18	8 × 24 =
19	2 × 67 =
20	4 × 34 =

⭐ 주판이나 암산으로 해 보세요.

1	91 × 5 =
2	58 × 4 =
3	39 × 7 =
4	25 × 5 =
5	80 × 9 =
6	92 × 4 =
7	41 × 2 =
8	81 × 6 =
9	64 × 4 =
10	52 × 3 =

11	8 × 51 =
12	4 × 45 =
13	4 × 69 =
14	7 × 72 =
15	6 × 25 =
16	8 × 54 =
17	4 × 16 =
18	9 × 33 =
19	6 × 87 =
20	9 × 43 =

⭐ 주판으로 해 보세요.

1	2	3	4	5	6	7	8	9	10
93	28	54	47	62	82	19	39	73	52
-31	63	63	32	39	79	38	73	14	64
74	57	19	-52	28	24	55	28	-65	38
66	23	84	75	35	-55	93	64	59	52
38	44	90	33	64	27	89	41	34	65

11	12	13	14	15	16	17	18	19	20
38	79	29	48	13	68	39	54	36	94
46	85	45	22	74	35	72	68	25	-32
-23	35	38	56	-52	49	84	33	64	59
64	61	74	81	26	23	-65	89	75	44
27	45	58	64	89	48	27	31	96	63

⭐ 암산으로 해 보세요.

1	9 + 4 + 2 + 3 + 5 + 7 =
2	4 + 1 + 7 + 5 + 9 + 8 =
3	5 + 9 + 8 + 7 + 3 + 4 =
4	6 + 5 + 9 + 8 + 3 + 7 =
5	8 + 6 + 5 + 2 + 7 + 5 =

6	6 + 9 + 5 + 3 + 8 + 6 =
7	2 + 7 + 6 + 8 + 3 + 4 =
8	5 + 4 + 3 + 8 + 2 + 9 =
9	8 + 2 + 9 + 6 + 4 + 3 =
10	4 + 9 + 2 + 7 + 3 + 8 =

연산 학습

Q 1 ☐ 안에 알맞은 수를 써넣으시오.

#	식			답
1	6 × ☐	=	30
2	9 × ☐	=	27
3	8 × ☐	=	24
4	2 × ☐	=	04
5	4 × ☐	=	28
6	1 × ☐	=	05
7	7 × ☐	=	49
8	4 × ☐	=	04
9	9 × ☐	=	36
10	5 × ☐	=	10
11	8 × ☐	=	56
12	6 × ☐	=	54
13	6 × ☐	=	42
14	9 × ☐	=	72
15	7 × ☐	=	21
16	1 × ☐	=	06
17	4 × ☐	=	08
18	3 × ☐	=	09
19	5 × ☐	=	20
20	2 × ☐	=	12

#	식			답
21	4 × ☐	=	36
22	6 × ☐	=	18
23	5 × ☐	=	15
24	6 × ☐	=	24
25	8 × ☐	=	48
26	4 × ☐	=	16
27	9 × ☐	=	81
28	7 × ☐	=	56
29	1 × ☐	=	03
30	2 × ☐	=	18
31	9 × ☐	=	18
32	7 × ☐	=	35
33	9 × ☐	=	45
34	3 × ☐	=	21
35	8 × ☐	=	72
36	2 × ☐	=	16
37	4 × ☐	=	32
38	6 × ☐	=	36
39	7 × ☐	=	28
40	8 × ☐	=	64

1	48 × 3 =	11	0 × 78 =
2	31 × 7 =	12	4 × 12 =
3	65 × 9 =	13	1 × 84 =
4	49 × 4 =	14	5 × 79 =
5	93 × 7 =	15	3 × 82 =
6	66 × 1 =	16	4 × 73 =
7	41 × 8 =	17	2 × 52 =
8	32 × 2 =	18	9 × 37 =
9	14 × 8 =	19	6 × 95 =
10	62 × 5 =	20	8 × 46 =

⭐ 계산해 보세요.

① 12
× 7

② 35
× 9

③ 73
× 5

④ 21
× 3

⑤ 44
× 2

⑥ 71
× 6

⑦ 69
× 3

⑧ 42
× 8

⑨ 34
× 7

⑩ 62
× 4

⑪ 67
× 9

⑫ 24
× 6

⑬ 81
× 7

⑭ 14
× 3

⑮ 27
× 6

⭐ 주판으로 해 보세요.

1	2	3	4	5	6	7	8	9	10
77	34	43	17	97	27	59	87	64	32
63	81	19	55	−22	46	73	51	77	48
92	58	73	48	67	38	49	−36	29	59
38	29	83	96	19	74	35	49	35	83
46	74	26	34	83	59	48	24	46	33

11	12	13	14	15	16	17	18	19	20
28	86	33	78	19	67	92	37	87	43
79	57	64	92	83	18	34	16	95	78
67	13	−26	35	56	36	19	59	43	34
23	65	79	26	72	94	−45	68	28	96
64	28	35	44	23	37	89	54	68	29

⭐ 암산으로 해 보세요.

1	$6 + 5 + 7 + 9 + 5 + 4 =$
2	$7 + 8 + 4 + 9 + 5 + 2 =$
3	$5 + 8 + 2 + 3 + 7 + 6 =$
4	$2 + 3 + 5 + 9 + 8 + 3 =$
5	$4 + 9 + 6 + 2 + 7 + 5 =$

6	$3 + 7 + 9 + 8 + 2 + 3 =$
7	$8 + 4 + 3 + 3 + 9 + 7 =$
8	$5 + 7 + 4 + 4 + 8 + 2 =$
9	$7 + 4 + 8 + 8 + 9 + 1 =$
10	$2 + 4 + 3 + 3 + 6 + 9 =$

⭐ 주판으로 해 보세요.

1	64 × 9 =		11	7 × 64 =
2	31 × 5 =		12	4 × 15 =
3	52 × 7 =		13	6 × 92 =
4	33 × 6 =		14	1 × 83 =
5	17 × 2 =		15	5 × 63 =
6	98 × 3 =		16	7 × 71 =
7	65 × 4 =		17	5 × 32 =
8	47 × 1 =		18	7 × 28 =
9	33 × 7 =		19	3 × 48 =
10	24 × 8 =		20	5 × 61 =

⭐ 주판이나 암산으로 해 보세요.

1	18 × 6 =		11	9 × 74 =
2	41 × 3 =		12	1 × 46 =
3	62 × 1 =		13	4 × 96 =
4	37 × 2 =		14	3 × 67 =
5	58 × 4 =		15	7 × 13 =
6	37 × 8 =		16	4 × 29 =
7	52 × 9 =		17	6 × 52 =
8	71 × 2 =		18	3 × 47 =
9	27 × 6 =		19	6 × 90 =
10	94 × 5 =		20	5 × 17 =

⭐ 주판으로 해 보세요.

1	81 × 4 =	11	8 × 64 =
2	92 × 2 =	12	2 × 96 =
3	70 × 8 =	13	5 × 31 =
4	65 × 5 =	14	7 × 63 =
5	71 × 3 =	15	4 × 86 =
6	19 × 9 =	16	6 × 11 =
7	62 × 4 =	17	8 × 72 =
8	43 × 7 =	18	3 × 67 =
9	25 × 6 =	19	9 × 93 =
10	74 × 1 =	20	7 × 30 =

⭐ 계산해 보세요.

1)
$$73 \times 5$$

2)
$$18 \times 7$$

3)
$$97 \times 2$$

4)
$$61 \times 3$$

5)
$$52 \times 9$$

6)
$$27 \times 1$$

7)
$$30 \times 8$$

8)
$$75 \times 6$$

9)
$$67 \times 4$$

10)
$$55 \times 7$$

11)
$$98 \times 2$$

12)
$$17 \times 7$$

13)
$$37 \times 3$$

14)
$$86 \times 5$$

15)
$$61 \times 4$$

★ 주판으로 해 보세요.

1	2	3	4	5	6	7	8	9	10
97	16	42	58	96	77	32	85	27	18
64	85	93	96	-65	18	28	49	23	75
75	39	36	18	79	68	45	-23	48	-21
-26	24	44	39	83	52	47	43	-57	94
31	59	87	-11	52	68	93	82	69	56

11	12	13	14	15	16	17	18	19	20
72	55	62	37	41	16	82	96	29	76
18	86	94	56	89	37	26	87	72	23
-50	44	78	-31	47	53	35	18	56	-67
65	19	26	64	53	78	-21	49	87	84
37	62	89	35	28	96	93	26	-34	45

★ 암산으로 해 보세요.

1	7 + 9 + 2 + 3 + 8 + 2 =	6	2 + 9 + 4 + 7 + 3 + 6 =
2	5 + 7 + 9 + 8 + 2 + 4 =	7	1 + 9 + 5 + 8 + 4 + 7 =
3	4 + 9 + 6 + 7 + 5 + 6 =	8	6 + 8 + 4 + 2 + 8 + 5 =
4	5 + 6 + 8 + 7 + 3 + 1 =	9	7 + 6 + 3 + 8 + 4 + 7 =
5	4 + 5 + 6 + 8 + 4 + 7 =	10	8 + 2 + 7 + 4 + 5 + 8 =

주판으로 배우는 암산 수학

⭐ 주판으로 해 보세요.

1	41 × 9 =	11	3 × 23 =
2	86 × 2 =	12	7 × 94 =
3	28 × 8 =	13	6 × 85 =
4	59 × 3 =	14	8 × 67 =
5	88 × 5 =	15	5 × 28 =
6	73 × 4 =	16	3 × 46 =
7	42 × 7 =	17	2 × 37 =
8	57 × 2 =	18	4 × 18 =
9	18 × 9 =	19	1 × 54 =
10	79 × 6 =	20	6 × 69 =

⭐ 주판이나 암산으로 해 보세요.

1	84 × 6 =	11	8 × 71 =
2	29 × 2 =	12	0 × 89 =
3	75 × 4 =	13	2 × 67 =
4	39 × 9 =	14	5 × 49 =
5	84 × 1 =	15	6 × 83 =
6	25 × 3 =	16	4 × 96 =
7	63 × 7 =	17	3 × 87 =
8	42 × 8 =	18	9 × 32 =
9	61 × 0 =	19	7 × 52 =
10	53 × 5 =	20	5 × 18 =

종합연습문제

⭐ 주판으로 해 보세요.

1	2	3	4	5	6	7	8	9	10
83	19	75	46	91	32	25	59	64	73
26	73	32	85	86	58	47	71	78	68
49	82	64	57	75	67	58	82	65	39
67	54	53	79	20	83	92	48	75	58
56	61	39	24	97	74	81	93	50	87

11	12	13	14	15	16	17	18	19	20
48	98	83	86	34	56	96	28	32	59
62	69	32	97	87	39	18	51	87	79
94	21	76	19	76	84	29	95	65	48
35	54	53	42	65	28	85	40	40	72
78	17	64	87	92	62	42	64	18	36

⭐ 암산으로 해 보세요.

1	2	3	4	5	6	7	8	9	10
8	4	7	5	6	6	6	4	9	2
2	5	6	9	2	7	8	9	4	8
6	6	9	7	5	3	2	5	8	4
7	9	4	6	4	7	2	5	8	4
7	3	4	4	8	4	7	3	9	6
4	5	6	3	7	5	3	8	5	2

공부한 날

월

일

⭐ 주판으로 해 보세요.

1	92 × 4 =
2	39 × 5 =
3	26 × 2 =
4	73 × 6 =
5	49 × 9 =
6	52 × 0 =
7	76 × 4 =
8	93 × 1 =
9	48 × 3 =
10	35 × 7 =

11	3 × 74 =
12	7 × 69 =
13	8 × 29 =
14	4 × 87 =
15	2 × 59 =
16	5 × 46 =
17	9 × 35 =
18	1 × 75 =
19	4 × 97 =
20	6 × 82 =

⭐ 암산으로 해 보세요.

1	74 × 4 =
2	54 × 2 =
3	39 × 5 =
4	62 × 4 =
5	93 × 6 =
6	48 × 8 =
7	57 × 9 =
8	86 × 7 =
9	75 × 3 =
10	69 × 4 =

11
$$\begin{array}{r} 47 \\ \times\ 5 \\ \hline \end{array}$$

12
$$\begin{array}{r} 79 \\ \times\ 2 \\ \hline \end{array}$$

13
$$\begin{array}{r} 75 \\ \times\ 9 \\ \hline \end{array}$$

14
$$\begin{array}{r} 34 \\ \times\ 8 \\ \hline \end{array}$$

15
$$\begin{array}{r} 89 \\ \times\ 6 \\ \hline \end{array}$$

16
$$\begin{array}{r} 27 \\ \times\ 4 \\ \hline \end{array}$$

17
$$\begin{array}{r} 52 \\ \times\ 7 \\ \hline \end{array}$$

18
$$\begin{array}{r} 39 \\ \times\ 3 \\ \hline \end{array}$$

19
$$\begin{array}{r} 62 \\ \times\ 9 \\ \hline \end{array}$$

1	2	3	4	5	6	7	8	9	10
96	78	48	59	35	51	35	26	19	39
58	69	15	93	44	73	12	98	29	82
61	90	60	26	12	39	95	17	45	47
29	25	93	50	78	82	74	39	87	81
75	36	84	24	99	95	86	58	53	62

11	12	13	14	15	16	17	18	19	20
67	85	16	95	58	13	82	36	83	21
78	16	52	65	42	52	63	98	35	39
45	83	91	98	79	45	84	53	27	98
89	49	64	72	30	97	15	37	60	65
34	27	49	38	14	29	97	86	94	82

★ 암산으로 해 보세요.

1. $7 + 4 + 5 + 6 + 8 + 7 =$	6. $6 + 8 + 9 + 3 + 5 + 4 =$
2. $2 + 6 + 4 + 5 + 7 + 1 =$	7. $8 + 2 + 5 + 9 + 4 + 3 =$
3. $9 + 7 + 8 + 4 + 8 + 2 =$	8. $8 + 3 + 5 + 8 + 6 + 4 =$
4. $9 + 8 + 6 + 2 + 7 + 4 =$	9. $7 + 6 + 4 + 2 + 5 + 9 =$
5. $7 + 8 + 2 + 3 + 7 + 5 =$	10. $5 + 8 + 6 + 7 + 3 + 1 =$

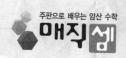

⭐ 주판으로 해 보세요.

1	86 × 3 =
2	47 × 5 =
3	93 × 7 =
4	39 × 4 =
5	52 × 8 =
6	42 × 9 =
7	66 × 6 =
8	79 × 1 =
9	28 × 2 =
10	95 × 7 =

11	4 × 76 =
12	8 × 32 =
13	6 × 92 =
14	3 × 44 =
15	9 × 64 =
16	7 × 37 =
17	2 × 58 =
18	5 × 85 =
19	5 × 46 =
20	9 × 63 =

⭐ 암산으로 해 보세요.

1	28 × 9 =
2	89 × 7 =
3	62 × 6 =
4	51 × 5 =
5	59 × 4 =
6	74 × 2 =
7	43 × 3 =
8	91 × 1 =
9	58 × 8 =
10	38 × 6 =

⑪ 88
  × 2

⑫ 53
  × 4

⑬ 86
  × 6

⑭ 23
  × 7

⑮ 48
  × 3

⑯ 92
  × 8

⑰ 69
  × 9

⑱ 75
  × 1

⑲ 64
  × 5

3단계 종합평가

⭐ 주판으로 해 보세요.　　　　　　　　　　걸린시간 (　　　분　　　초)

1	2	3	4	5	6	7	8	9	10
65	16	95	36	25	79	48	84	57	96
29	43	76	59	76	34	35	37	35	17
87	57	24	67	44	23	27	43	59	68
24	78	63	14	68	85	83	87	96	34
48	29	45	76	13	59	62	94	27	98

11	12	13	14	15	16	17	18	19	20
27	97	61	47	71	58	19	36	83	68
63	36	87	65	54	49	40	75	94	25
94	76	94	93	37	73	57	94	38	38
73	54	67	76	59	26	78	38	47	75
39	19	48	54	43	14	21	13	29	36

⭐ 암산으로 해 보세요.　　　　　　　　　　걸린시간 (　　　분　　　초)

1	2	3	4	5	6	7	8	9	10
9	3	8	2	4	6	7	3	8	2
6	8	3	5	2	8	9	9	7	6
8	4	9	6	5	5	8	1	5	9
1	3	1	4	6	7	4	4	9	3
2	7	4	7	3	4	2	5	6	8
4	6	8	2	8	5	7	9	7	5

공부한 날

월

일

⭐ 주판으로 해 보세요.

1	37 × 6 =
2	43 × 8 =
3	29 × 1 =
4	97 × 6 =
5	30 × 8 =
6	59 × 2 =
7	87 × 6 =
8	34 × 5 =
9	93 × 4 =
10	73 × 7 =

11	7 × 74 =
12	6 × 93 =
13	9 × 19 =
14	8 × 78 =
15	5 × 29 =
16	4 × 81 =
17	3 × 46 =
18	5 × 82 =
19	9 × 70 =
20	2 × 49 =

⭐ 암산으로 해 보세요.

1	18 × 7 =
2	72 × 2 =
3	50 × 8 =
4	97 × 4 =
5	23 × 5 =
6	89 × 9 =
7	14 × 3 =
8	45 × 1 =
9	68 × 7 =
10	53 × 6 =

⑪
  86
× 6

⑫
  97
× 8

⑬
  29
× 2

⑭
  38
× 9

⑮
  19
× 7

⑯
  53
× 3

⑰
  63
× 8

⑱
  87
× 4

⑲
  71
× 5

구구단을 외우자

$2 \times 1 = 02$	$3 \times 1 = 03$	$4 \times 1 = 04$
$2 \times 2 = 04$	$3 \times 2 = 06$	$4 \times 2 = 08$
$2 \times 3 = 06$	$3 \times 3 = 09$	$4 \times 3 = 12$
$2 \times 4 = 08$	$3 \times 4 = 12$	$4 \times 4 = 16$
$2 \times 5 = 10$	$3 \times 5 = 15$	$4 \times 5 = 20$
$2 \times 6 = 12$	$3 \times 6 = 18$	$4 \times 6 = 24$
$2 \times 7 = 14$	$3 \times 7 = 21$	$4 \times 7 = 28$
$2 \times 8 = 16$	$3 \times 8 = 24$	$4 \times 8 = 32$
$2 \times 9 = 18$	$3 \times 9 = 27$	$4 \times 9 = 36$

$5 \times 1 = 05$	$6 \times 1 = 06$	$7 \times 1 = 07$
$5 \times 2 = 10$	$6 \times 2 = 12$	$7 \times 2 = 14$
$5 \times 3 = 15$	$6 \times 3 = 18$	$7 \times 3 = 21$
$5 \times 4 = 20$	$6 \times 4 = 24$	$7 \times 4 = 28$
$5 \times 5 = 25$	$6 \times 5 = 30$	$7 \times 5 = 35$
$5 \times 6 = 30$	$6 \times 6 = 36$	$7 \times 6 = 42$
$5 \times 7 = 35$	$6 \times 7 = 42$	$7 \times 7 = 49$
$5 \times 8 = 40$	$6 \times 8 = 48$	$7 \times 8 = 56$
$5 \times 9 = 45$	$6 \times 9 = 54$	$7 \times 9 = 63$

$8 \times 1 = 08$	$9 \times 1 = 09$
$8 \times 2 = 16$	$9 \times 2 = 18$
$8 \times 3 = 24$	$9 \times 3 = 27$
$8 \times 4 = 32$	$9 \times 4 = 36$
$8 \times 5 = 40$	$9 \times 5 = 45$
$8 \times 6 = 48$	$9 \times 6 = 54$
$8 \times 7 = 56$	$9 \times 7 = 63$
$8 \times 8 = 64$	$9 \times 8 = 72$
$8 \times 9 = 72$	$9 \times 9 = 81$

주판으로 배우는 암산 수학
매직셈

매직셈 홈페이지 : www.magicsem.co.kr
무료상담 : 080-3131-7404

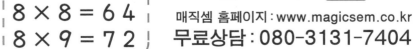

EQ 올셈 3단계

정 답 지

P.4

00	02	04	06	08	10	12	14	16	18
12	20	04	00	32	36	28	24	16	08
42	12	54	48	18	24	06	36	00	30
24	16	64	40	32	56	72	00	08	48
20	10	40	45	25	35	30	05	00	15
18	00	27	06	21	24	09	12	03	15
21	42	49	00	14	56	35	07	28	63
36	27	18	72	09	81	00	54	63	45

P.5

02	04	06	08	10	12	14	16	18	20

2, 2, 2, 2, 2, 2
2, 2, 1 2, 2, 2, 2 2

P.6
1 02, 02 2 02, 04 3 04, 06 4 06, 08 5 08, 10
6 10, 12 7 12, 14 8 14, 16 9 16, 18 10 18, 00
11 08, 06 12 16, 10 13 06, 16 14 08, 04 15 10, 08
16 02, 12 17 04, 16 18 08, 08 19 10, 12 20 04, 04
21 08, 12 22 12, 06 23 16, 08 24 04, 12 25 12, 08
26 16, 14 27 14, 04 28 08, 02 29 06, 08 30 16, 04
1 98 2 99 3 85 4 61 5 97
6 98 7 79 8 81 9 74 10 74

P.7
1 16, 14, 174 2 14, 12, 152 3 18, 16, 196 4 06, 18, 78
5 16, 18, 178 6 08, 16, 96 7 12, 14, 134 8 12, 10, 130
9 18, 18, 198 10 10, 16, 116 11 12, 08, 128 12 16, 10, 170
13 10, 14, 114 14 18, 10, 190 15 14, 14, 154 16 10, 10, 110
17 134 18 192 19 132 20 156
21 138 22 108

P.8
1 50 2 74 3 34 4 96 5 58
6 52 7 90 8 76 9 36 10 46
11 190 12 142 13 106 14 168 15 124
16 148 17 102 18 146 19 128 20 194
1 54 2 148 3 192 4 170 5 78
6 82 7 114 8 128 9 142 10 176
11 186 12 136 13 94 14 56 15 184
16 162 17 116 18 48 19 66 20 92

P.9
1 136 2 105 3 155 4 118 5 116
6 178 7 138 8 163 9 115 10 123
11 132 12 150 13 178 14 103 15 177
16 114 17 129 18 114 19 109 20 121
1 22 2 27 3 25 4 18 5 26
6 25 7 22 8 23 9 25 10 23

P.10
1 114 2 62 3 144 4 66 5 118
6 94 7 128 8 106 9 46 10 198
11 156 12 174 13 92 14 116 15 154
16 72 17 184 18 68 19 52 20 102
1 148 2 164 3 144 4 74 5 96
6 44 7 168 8 136 9 78 10 36
11 132 12 188 13 158 14 58 15 192
16 90 17 32 18 162 19 150 20 50

P.11
1 ①55 ②89 ③1, 85 ④1, 82
2 ①40, 18, 58 ②100, 12, 112
3 ①62 ②84 ③46 ④26
4 ①23, 2, 46 ②43, 2, 86 ③68, 2, 138 ④24, 2, 48

P.12

03	06	09	12	15	18	21	24	27	30

1 120 2 102 3 126 4 119 5 117
6 126 7 109 8 118 9 111 10 107

P.13
1 03, 27, 57 2 12, 15, 135 3 06, 27, 87 4 06, 24, 84
5 06, 12, 72 6 12, 21, 141 7 09, 15, 105 8 03, 24, 54
9 12, 27, 147 10 06, 18, 78 11 09, 24, 114 12 03, 21, 51
13 09, 12, 102 14 12, 12, 132 15 06, 15, 75 16 09, 21, 111
17 15, 06, 156 18 12, 24, 144 19 03, 15, 45 20 09, 18, 108
21 246 22 222 23 279 24 183
25 282 26 216 27 153

P.14
1 291 2 177 3 237 4 204 5 294
6 192 7 231 8 264 9 174 10 255
11 165 12 201 13 168 14 198 15 234
16 207 17 171 18 261 19 225 20 267
1 111 2 195 3 84 4 141 5 87
6 273 7 189 8 135 9 246 10 213
11 252 12 39 13 228 14 282 15 75
16 249 17 147 18 288 19 117 20 222

P.15
1 143 2 117 3 167 4 166 5 149
6 144 7 149 8 139 9 127 10 130
11 134 12 124 13 116 14 121 15 128
16 141 17 108 18 153 19 128 20 134
1 19 2 29 3 17 4 25 5 23
6 17 7 22 8 27 9 24 10 24

P.16
1 105　2 291　3 213　4 249　5 207
6 138　7 222　8 78　9 114　10 288
11 258　12 84　13 195　14 162　15 276
16 147　17 171　18 246　19 90　20 234
1 201　2 294　3 285　4 57　5 267
6 228　7 54　8 87　9 129　10 156
11 75　12 102　13 198　14 282　15 252
16 150　17 141　18 63　19 189　20 243

P.22
1 108　2 273　3 108　4 117　5 128
6 147　7 260　8 51　9 172　10 316
11 372　12 159　13 96　14 102　15 32
16 248　17 58　18 234　19 328　20 136
1 276　2 28　3 276　4 140　5 324
6 138　7 228　8 56　9 252　10 105
11 74　12 75　13 116　14 332　15 146
16 76　17 186　18 384　19 80　20 296

P.17
1 ①76　②69　③ 1 ,70　④ 1 ,92
2 ①90,6,96　②90,3,93
3 ①93　②66　③99　④36
4 ①46,3,138　②37,3,111　③69,3,207　④24,3,72

P.23
1 ①78　②56　③ 1 ,52　④ 1 ,61
2 ① 2 ,180　②124　③ 1 ,92　④ 1 ,258
⑤ 2 ,57　⑥ 2 ,264　⑦ 1 ,102　⑧ 2 ,228
4 ①156,320,208　②234,51,177　③268,376,112

P.18

04	08	12	16	20	24	28	32	36	40

1 161　2 105　3 167　4 158　5 150
6 126　7 107　8 114　9 132　10 149

P.24

05	10	15	20	25	30	35	40	45	50

1 202　2 157　3 184　4 184　5 170
6 188　7 196　8 180　9 167　10 165

P.19
1 20, 16, 216　2 32, 08, 328　3 08, 36, 116　4 36, 36, 396
5 12, 16, 136　6 20, 24, 224　7 16, 08, 168　8 24, 08, 248
9 32, 12, 332　10 28, 16, 296　11 04, 36, 76　12 20, 32, 232
13 12, 24, 144　14 08, 28, 108　15 28, 20, 300　16 16, 32, 192
17 20, 08, 208　18 28, 24, 304　19 32, 20, 340　20 16, 28, 188
21 148　22 172　23 204　24 376
25 240　26 336　27 252

P.25
1 35, 20, 370　2 25, 35, 285　3 30, 10, 310　4 45, 25, 475
5 10, 40, 140　6 25, 20, 270　7 40, 35, 435　8 15, 10, 160
9 30, 20, 320　10 20, 45, 245　11 10, 25, 125　12 25, 45, 295
13 45, 30, 480　14 15, 20, 170　15 30, 35, 335　16 40, 10, 410
17 15, 25, 175　18 35, 15, 365　19 20, 10, 210　20 45, 20, 470
21 145　22 235　23 460　24 225
25 380　26 315　27 280

P.20
1 180　2 304　3 216　4 268　5 392
6 344　7 316　8 376　9 212　10 272
11 348　12 372　13 296　14 260　15 380
16 332　17 224　18 300　19 188　20 228
1 368　2 148　3 72　4 220　5 184
6 168　7 340　8 288　9 144　10 336
11 116　12 256　13 308　14 252　15 388
16 196　17 232　18 152　19 192　20 108

P.26
1 160　2 475　3 420　4 310　5 235
6 370　7 415　8 140　9 480　10 285
11 240　12 295　13 460　14 425　15 175
16 390　17 210　18 145　19 315　20 270
1 185　2 340　3 290　4 465　5 335
6 345　7 280　8 375　9 435　10 485
11 195　12 320　13 225　14 135　15 360
16 245　17 430　18 115　19 265　20 455

P.21
1 210　2 232　3 221　4 222　5 205
6 215　7 237　8 223　9 213　10 207
11 215　12 200　13 238　14 253　15 229
16 213　17 251　18 213　19 238　20 233
1 23　2 29　3 21　4 22　5 21
6 22　7 29　8 24　9 23　10 21

P.27
1 229　2 229　3 278　4 253　5 247
6 318　7 281　8 266　9 269　10 278
11 268　12 307　13 265　14 306　15 255
16 256　17 284　18 271　19 308　20 310
1 30　2 29　3 26　4 25　5 23
6 30　7 36　8 29　9 21　10 29

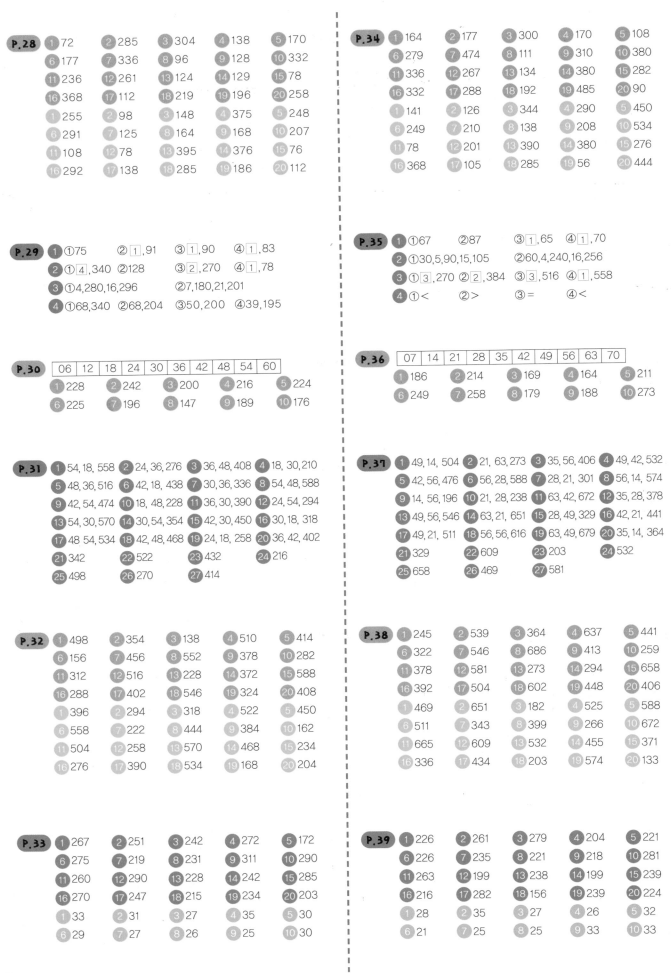

P.28
1 72　2 285　3 304　4 138　5 170
6 177　7 336　8 96　9 128　10 332
11 236　12 261　13 124　14 129　15 78
16 368　17 112　18 219　19 196　20 258
1 255　2 98　3 148　4 375　5 248
6 291　7 125　8 164　9 168　10 207
11 108　12 78　13 395　14 376　15 76
16 292　17 138　18 285　19 186　20 112

P.29
1 ①75　②1,91　③1,90　④1,83
2 ①4,340　②128　③2,270　④1,78
3 ①4,280,16,296　②7,180,21,201
4 ①68,340　②68,204　③50,200　④39,195

P.30

06	12	18	24	30	36	42	48	54	60

1 228　2 242　3 200　4 216　5 224
6 225　7 196　8 147　9 189　10 176

P.31
1 54,18,558　2 24,36,276　3 36,48,408　4 18,30,210
5 48,36,516　6 42,18,438　7 30,36,336　8 54,48,588
9 42,54,474　10 18,48,228　11 36,30,390　12 24,54,294
13 54,30,570　14 30,54,354　15 42,30,450　16 30,18,318
17 48,54,534　18 42,48,468　19 24,18,258　20 36,42,402
21 342　22 522　23 432　24 216
25 498　26 270　27 414

P.32
1 498　2 354　3 138　4 510　5 414
6 156　7 456　8 552　9 378　10 282
11 312　12 516　13 228　14 372　15 588
16 288　17 402　18 546　19 324　20 408
1 396　2 294　3 318　4 522　5 450
6 558　7 222　8 444　9 384　10 162
11 504　12 258　13 570　14 468　15 234
16 276　17 390　18 534　19 168　20 204

P.33
1 267　2 251　3 242　4 272　5 172
6 275　7 219　8 231　9 311　10 290
11 260　12 290　13 228　14 242　15 285
16 270　17 247　18 215　19 234　20 203
1 33　2 31　3 27　4 35　5 30
6 29　7 27　8 26　9 25　10 30

P.34
1 164　2 177　3 300　4 170　5 108
6 279　7 474　8 111　9 310　10 380
11 336　12 267　13 134　14 380　15 282
16 332　17 288　18 192　19 485　20 90
1 141　2 126　3 344　4 290　5 450
6 249　7 210　8 138　9 208　10 534
11 78　12 201　13 390　14 380　15 276
16 368　17 105　18 285　19 56　20 444

P.35
1 ①67　②87　③1,65　④1,70
2 ①30,5,90,15,105　②60,4,240,16,256
3 ①3,270　②2,384　③3,516　④1,558
4 ①<　②>　③=　④<

P.36

07	14	21	28	35	42	49	56	63	70

1 186　2 214　3 169　4 164　5 211
6 249　7 258　8 179　9 188　10 273

P.37
1 49,14,504　2 21,63,273　3 35,56,406　4 49,42,532
5 42,56,476　6 56,28,588　7 28,21,301　8 56,14,574
9 14,56,196　10 21,28,238　11 63,42,672　12 35,28,378
13 49,56,546　14 63,21,651　15 28,49,329　16 42,21,441
17 49,21,511　18 56,56,616　19 63,49,679　20 35,14,364
21 329　22 609　23 203　24 532
25 658　26 469　27 581

P.38
1 245　2 539　3 364　4 637　5 441
6 322　7 546　8 686　9 413　10 259
11 378　12 581　13 273　14 294　15 658
16 392　17 504　18 602　19 448　20 406
1 469　2 651　3 182　4 525　5 588
6 511　7 343　8 399　9 266　10 672
11 665　12 609　13 532　14 455　15 371
16 336　17 434　18 203　19 574　20 133

P.39
1 226　2 261　3 279　4 204　5 221
6 226　7 235　8 221　9 218　10 281
11 263　12 199　13 238　14 199　15 239
16 216　17 282　18 156　19 239　20 224
1 28　2 35　3 27　4 26　5 32
6 21　7 25　8 25　9 33　10 33

P.40
1) 132　2) 216　3) 180　4) 420　5) 576
6) 448　7) 106　8) 348　9) 570　10) 336
11) 138　12) 375　13) 595　14) 116　15) 136
16) 84　17) 325　18) 546　19) 564　20) 441
1) 525　2) 176　3) 104　4) 315　5) 282
6) 246　7) 285　8) 679　9) 140　10) 213
11) 98　12) 498　13) 345　14) 553　15) 118
16) 376　17) 195　18) 185　19) 384　20) 208

P.41
1) ①1,60　②1,50　③1,51　④1,52
2) ①4,252　②4,189　③427　④2,378
3) ①78　②378　③288　④225
4) ①<　②>　③<　④>

P.42

08	16	24	32	40	48	56	64	72	80

1) 230　2) 192　3) 243　4) 204　5) 232
6) 281　7) 286　8) 185　9) 241　10) 245

P.43
1) 32,56,376　2) 64,40,680　3) 24,56,296　4) 72,40,760
5) 40,48,448　6) 56,32,592　7) 48,16,496　8) 32,24,344
9) 16,32,192　10) 64,48,688　11) 56,16,576　12) 32,72,392
13) 48,40,520　14) 72,64,784　15) 24,32,272　16) 48,32,512
17) 56,40,600　18) 72,32,752　19) 16,40,200　20) 32,64,384
21) 464　22) 592　23) 288　24) 512
25) 696　26) 208　27) 392

P.44
1) 784　2) 456　3) 368　4) 624　5) 208
6) 672　7) 536　8) 744　9) 192　10) 576
11) 520　12) 312　13) 632　14) 336　15) 296
16) 680　17) 184　18) 552　19) 584　20) 712
1) 392　2) 696　3) 464　4) 272　5) 544
6) 592　7) 256　8) 504　9) 472　10) 768
11) 360　12) 664　13) 304　14) 600　15) 656
16) 288　17) 224　18) 496　19) 344　20) 432

P.45
1) 234　2) 230　3) 209　4) 285　5) 242
6) 267　7) 246　8) 245　9) 246　10) 261
11) 289　12) 224　13) 229　14) 234　15) 275
16) 224　17) 214　18) 240　19) 297　20) 231
1) 27　2) 29　3) 27　4) 31　5) 29
6) 29　7) 20　8) 25　9) 28　10) 20

P.46
1) 232　2) 186　3) 296　4) 470　5) 276
6) 581　7) 50　8) 388　9) 216　10) 406
11) 138　12) 485　13) 525　14) 104　15) 592
16) 114　17) 325　18) 656　19) 456　20) 665
1) 546　2) 176　3) 104　4) 315　5) 282
6) 246　7) 285　8) 776　9) 140　10) 213
11) 98　12) 498　13) 345　14) 553　15) 118
16) 376　17) 195　18) 185　19) 384　20) 208

P.47
1) ①55　②86　③1,60　④1,94
2) ①2,424　②1,228　③1,176　④3,192
　　⑤2,380　⑥1,198　⑦4,368　⑧3,592
3) ①95　②140　③336
4) ①148,416,208,296　②320,522,435,384

P.48

09	18	27	36	45	54	63	72	81	90

1) 252　2) 265　3) 250　4) 214　5) 235
6) 219　7) 239　8) 244　9) 266　10) 224

P.49
1) 27,09,279　2) 54,45,585　3) 63,54,684　4) 81,63,873
5) 45,27,477　6) 72,00,720　7) 36,18,378　8) 09,81,171
9) 72,54,774　10) 18,45,225　11) 36,54,414　12) 36,09,369
13) 09,18,108　14) 45,54,504　15) 72,81,801　16) 27,36,306
17) 18,27,207　18) 81,72,882　19) 45,36,486　20) 72,63,783
21) 603　22) 135　23) 288　24) 234
25) 666　26) 387　27) 648

P.50
1) 459　2) 675　3) 774　4) 477　5) 333
6) 540　7) 387　8) 612　9) 351　10) 873
11) 468　12) 666　13) 882　14) 306　15) 252
16) 828　17) 432　18) 558　19) 738　20) 531
1) 747　2) 846　3) 693　4) 522　5) 378
6) 405　7) 234　8) 288　9) 207　10) 639
11) 783　12) 315　13) 144　14) 819　15) 864
16) 423　17) 657　18) 585　19) 765　20) 225

P.51
1) 202　2) 192　3) 281　4) 244　5) 275
6) 187　7) 253　8) 166　9) 247　10) 219
11) 226　12) 266　13) 218　14) 207　15) 318
16) 266　17) 195　18) 273　19) 286　20) 282
1) 29　2) 34　3) 29　4) 29　5) 35
6) 26　7) 31　8) 27　9) 36　10) 32

P.52
1. 584 2. 162 3. 64 4. 420 5. 390
6. 189 7. 38 8. 612 9. 162 10. 210
11. 186 12. 285 13. 837 14. 82 15. 664
16. 182 17. 375 18. 112 19. 510 20. 329
1. 427 2. 94 3. 372 4. 140 5. 450
6. 240 7. 344 8. 864 9. 76 10. 126
11. 156 12. 534 13. 135 14. 301 15. 736
16. 684 17. 105 18. 170 19. 432 20. 296

P.53
1 ①1,71 ②1,92 ③1,50 ④1,72
2 ①6,243 ②2,371 ③1,252 ④4,95
3 ①423 ②280 ③285
4 ✕

P.54
1. 222 2. 148 3. 288 4. 212 5. 135
6. 324 7. 640 8. 48 9. 455 10. 0
11. 175 12. 201 13. 368 14. 588 15. 774
16. 86 17. 148 18. 165 19. 158 20. 712
1. 279 2. 292 3. 336 4. 192 5. 145
6. 488 7. 70 8. 147 9. 448 10. 675
11. 136 12. 348 13. 117 14. 132 15. 203

P.55
1. 165 2. 341 3. 302 4. 232 5. 265
6. 200 7. 140 8. 281 9. 228 10. 212
11. 232 12. 243 13. 194 14. 323 15. 250
16. 202 17. 224 18. 380 19. 201 20. 223
1. 22 2. 33 3. 26 4. 29 5. 33
6. 26 7. 30 8. 36 9. 30 10. 34

P.56
1. 261 2. 45 3. 120 4. 342 5. 196
6. 268 7. 146 8. 495 9. 287 10. 312
11. 238 12. 395 13. 70 14. 549 15. 288
16. 98 17. 744 18. 476 19. 435 20. 273
1. 144 2. 324 3. 406 4. 828 5. 258
6. 119 7. 207 8. 168 9. 296 10. 195
11. 84 12. 308 13. 144 14. 325 15. 172
16. 264 17. 189 18. 354 19. 544 20. 294

P.57
1. 232 2. 220 3. 305 4. 331 5. 334
6. 210 7. 276 8. 198 9. 320 10. 264
11. 271 12. 313 13. 236 14. 259 15. 375
16. 282 17. 287 18. 335 19. 339 20. 328
1. 33 2. 25 3. 31 4. 30 5. 26
6. 28 7. 28 8. 30 9. 33 10. 27

P.58
1. 432 2. 144 3. 414 4. 248 5. 182
6. 186 7. 328 8. 315 9. 222 10. 86
11. 603 12. 138 13. 280 14. 756 15. 185
16. 441 17. 105 18. 228 19. 141 20. 208
1. 504 2. 312 3. 62 4. 126 5. 513
6. 135 7. 126 8. 485 9. 144 10. 245
11. 72 12. 189 13. 285 14. 152 15. 468

P.59
1. 272 2. 242 3. 236 4. 113 5. 214
6. 237 7. 239 8. 248 9. 273 10. 250
11. 164 12. 245 13. 250 14. 192 15. 97
16. 215 17. 245 18. 136 19. 180 20. 261
1. 32 2. 35 3. 36 4. 31 5. 38
6. 33 7. 36 8. 36 9. 33 10. 35

P.60
1. 225 2. 184 3. 91 4. 195 5. 38
6. 266 7. 216 8. 297 9. 267 10. 276
11. 392 12. 158 13. 170 14. 855 15. 568
16. 144 17. 186 18. 405 19. 203 20. 124
1. 144 2. 238 3. 25 4. 248 5. 495
6. 58 7. 258 8. 486 9. 245 10. 252
11. 224 12. 152 13. 702 14. 215 15. 186

P.61
1. 45 2. 360 3. 582 4. 52 5. 228
6. 322 7. 305 8. 333 9. 88 10. 552
11. 0 12. 155 13. 228 14. 186 15. 90
16. 216 17. 228 18. 192 19. 134 20. 136
1. 455 2. 232 3. 273 4. 125 5. 720
6. 368 7. 82 8. 486 9. 256 10. 156
11. 408 12. 180 13. 276 14. 504 15. 150
16. 432 17. 64 18. 297 19. 522 20. 387

P.62
1. 240 2. 215 3. 310 4. 135 5. 228
6. 157 7. 294 8. 245 9. 115 10. 271
11. 152 12. 305 13. 244 14. 271 15. 150
16. 223 17. 157 18. 275 19. 296 20. 228
1. 30 2. 34 3. 36 4. 38 5. 33
6. 37 7. 30 8. 31 9. 32 10. 33

P.63
1. 5 2. 3 3. 3 4. 2 5. 7
6. 5 7. 7 8. 1 9. 4 10. 2
11. 7 12. 9 13. 7 14. 8 15. 3
16. 6 17. 2 18. 3 19. 4 20. 6
21. 9 22. 3 23. 3 24. 4 25. 6
26. 4 27. 9 28. 8 29. 3 30. 9
31. 2 32. 5 33. 5 34. 7 35. 9
36. 8 37. 8 38. 6 39. 4 40. 8

P.64
1) 144　2) 217　3) 585　4) 196　5) 651
6) 66　7) 328　8) 64　9) 112　10) 310
11) 0　12) 48　13) 84　14) 395　15) 246
16) 292　17) 104　18) 333　19) 570　20) 368
1) 84　2) 315　3) 365　4) 63　5) 88
6) 426　7) 207　8) 336　9) 238　10) 248
11) 603　12) 144　13) 567　14) 42　15) 162

P.65
1) 316　2) 276　3) 244　4) 250　5) 244
6) 244　7) 264　8) 175　9) 251　10) 255
11) 261　12) 249　13) 185　14) 275　15) 253
16) 252　17) 189　18) 234　19) 321　20) 280
1) 36　2) 35　3) 31　4) 30　5) 33
6) 32　7) 34　8) 30　9) 37　10) 27

P.66
1) 576　2) 155　3) 364　4) 198　5) 34
6) 294　7) 260　8) 47　9) 231　10) 192
11) 448　12) 60　13) 552　14) 83　15) 315
16) 497　17) 160　18) 196　19) 144　20) 305
1) 108　2) 123　3) 62　4) 74　5) 232
6) 296　7) 468　8) 142　9) 162　10) 470
11) 666　12) 46　13) 384　14) 201　15) 91
16) 116　17) 312　18) 141　19) 540　20) 85

P.67
1) 324　2) 184　3) 560　4) 325　5) 213
6) 171　7) 248　8) 301　9) 150　10) 74
11) 512　12) 192　13) 155　14) 441　15) 344
16) 66　17) 576　18) 201　19) 837　20) 210
1) 365　2) 126　3) 194　4) 183　5) 468
6) 27　7) 240　8) 450　9) 268　10) 385
11) 196　12) 119　13) 111　14) 430　15) 244

P.68
1) 241　2) 223　3) 302　4) 200　5) 245
6) 283　7) 245　8) 236　9) 110　10) 222
11) 142　12) 266　13) 349　14) 161　15) 258
16) 280　17) 215　18) 276　19) 210　20) 161
1) 31　2) 35　3) 37　4) 30　5) 34
6) 31　7) 34　8) 33　9) 35　10) 34

P.69
1) 369　2) 172　3) 224　4) 177　5) 440
6) 292　7) 294　8) 114　9) 162　10) 474
11) 69　12) 658　13) 510　14) 536　15) 140
16) 138　17) 74　18) 72　19) 54　20) 414
1) 504　2) 58　3) 300　4) 351　5) 84
6) 75　7) 441　8) 336　9) 0　10) 265
11) 568　21) 0　31) 134　41) 245　51) 498
16) 384　17) 261　18) 288　19) 364　20) 90

P.70
1) 281　2) 289　3) 263　4) 291　5) 369
6) 314　7) 303　8) 353　9) 332　10) 325
11) 317　12) 259　13) 308　14) 331　15) 354
16) 269　17) 270　18) 278　19) 242　20) 294
1) 34　2) 32　3) 36　4) 34　5) 32
6) 32　7) 28　8) 34　9) 43　10) 26

P.71
1) 368　2) 195　3) 52　4) 438　5) 441
6) 0　7) 304　8) 93　9) 144　10) 245
11) 222　12) 483　13) 232　14) 348　15) 118
16) 230　17) 315　18) 75　19) 388　20) 492
1) 296　2) 108　3) 195　4) 248　5) 558
6) 384　7) 513　8) 602　9) 225　10) 276
11) 235　12) 158　13) 675　14) 272　15) 534
16) 108　17) 364　18) 117　19) 558

P.72
1) 319　2) 298　3) 300　4) 252　5) 268
6) 340　7) 302　8) 238　9) 233　10) 311
11) 313　12) 260　13) 272　14) 368　15) 223
16) 236　17) 341　18) 310　19) 299　20) 305
1) 37　2) 25　3) 38　4) 36　5) 32
6) 35　7) 31　8) 34　9) 33　10) 30

P.73
1) 258　2) 235　3) 651　4) 156　5) 416
6) 378　7) 396　8) 79　9) 56　10) 665
11) 304　12) 256　13) 552　14) 132　15) 576
16) 259　17) 116　18) 425　19) 230　20) 567
1) 252　2) 623　3) 372　4) 255　5) 236
6) 148　7) 129　8) 91　9) 464　10) 228
11) 176　12) 212　13) 516　14) 161　15) 144
16) 736　17) 621　18) 75　19) 320

P.74
1) 253　2) 223　3) 303　4) 252　5) 226
6) 280　7) 255　8) 345　9) 274　10) 313
11) 296　12) 282　13) 357　14) 335　15) 264
16) 220　17) 215　18) 256　19) 291　20) 242
1) 30　2) 31　3) 33　4) 26　5) 28
6) 35　7) 37　8) 31　9) 42　10) 33

P.75
1) 222　2) 344　3) 29　4) 582　5) 240
6) 118　7) 522　8) 170　9) 372　10) 511
11) 518　12) 558　13) 171　14) 624　15) 145
16) 324　17) 138　18) 410　19) 630　20) 98
1) 126　2) 144　3) 400　4) 388　5) 115
6) 801　7) 42　8) 45　9) 476　10) 318
11) 516　12) 776　13) 58　14) 342　15) 133
16) 159　17) 504　18) 348　19) 355

덧셈이나 곱셈으로 해 보세요.

예시

아이 수준에 맞게 + 나 × 로 선택하세요.

×	0	1	2	3	4	5	6	7	8	9
7	0	07	14	21	28	35	42	49	56	63

한 자리, 두 자리, 세 자리... 중 아이의 수준에 맞게 선생님이 숫자를 넣어 사용하세요.

걸린 시간 (분   초)

	3	8	4	7	1	5	2	0	6	9

	4	7	9	1	3	5	8	2	0	6

	2	9	7	6	4	0	1	3	8	5

	0	9	4	6	1	7	3	8	5	2

	5	1	6	4	3	8	9	0	2	7

	9	3	7	4	2	1	8	5	6	0

	6	1	3	8	4	9	5	7	2	0

	1	0	5	8	6	4	7	2	3	9